虎奔科举网　等考新概念

虎奔科举网独创的边学边练、在线编译等系统为学员通过考试提供了强有力的保障，并且还提供了全职老师在线答疑、学霸系统等服务。学员通过率非常高，部分学员已经成为网校铁杆粉丝，科举网校人气也越来越高。

凡购买本书的读者，通过随书附赠的学习卡购买虎奔科举网的课程，均可在原课程价格的基础上优惠 100 元。具体说明如下：

（1）登录虎奔科举网（www.kejuwang.com），完成注册和登录后，在课程中心页单击对应科目下的"开通课程"按钮，如图 1 所示。

图 1　"开通课程"按钮

（2）在"确认订单"页，单击"学习卡/优惠券"右侧的"添加"按钮，输入学习卡中的卡号和密码，并单击"添加"按钮，如图 2 所示。

图 2　确认订单

注：① 考生在正式购买之前，可以先通过"开通体验班级"按钮，进入体验班感受课程效果，开通体验班后，仍可以继续使用该卡号和密码获取 100 元优惠。② 学习卡附于图书背面下方，样式如图 3 所示。

图 3　学习卡刮开后效果

（3）单击图 2 中的"获取 100 元优惠"按钮，需支付的价格会在原来的基础上减少 100 元，填写正确的手机号，并单击"下一步"按钮，按照引导完成支付即可开通课程，成为虎奔科举网的正式学员，如图 4 所示。

图 4　优惠后的价格

虎奔科举网更多的功能与服务，请登录 www.kejuwang.com 做进一步的了解。开始你轻松、高效的学习之旅吧。

虎奔手机软件　等考保驾护航

虎奔等考手机软件自2013年9月上市以来，已为数十万考生提供过级保障。全新的学习模式、强大的师资阵容、丰富的备考经验、精准的真考题库，以及贴心的消息推送等功能，为众多考生所青睐。

凡购买本书的读者，通过随书附赠的学习卡即可将手机软件激活成体验版，具体说明如下。

（1）扫描如图1所示的二维码（安卓和苹果手机均可），直接下载手机软件。用户也可以至各手机应用市场进行下载。

（2）安装完成后，按照系统的提示，完成科目的选择和题库的加载，并通过学习卡将手机软件激活成体验版。学习卡示例如图2所示。

图1　扫描封面的二维码

图2　学习卡刮开后效果

手机软件包括免费版、体验版和更新版3个版本。其中，免费版用户只能学习前4个考点的选择题、前10套操作题，其他功能均不能使用；体验版用户可以学习所有选择题、50%的操作题，以及二级公共基础知识的所有视频；更新版用户可以使用手机软件中的全部功能，具体功能如下。

（1）界面清新，功能强大，如图3所示。

（2）覆盖最新真考题库，如图4所示。

图3　手机软件启动界面

图4　手机软件主界面

（3）针对真考试题快速搜索，如图5所示。

（4）高清、真人视频，如图6所示。

图5　试题搜索

图6　移动课堂

更多功能请下载手机软件进行了解。虎奔教育，因你而精彩。

软件使用说明

本软件是在深入研究全国计算机等级考试最新考试大纲及最新无纸化考试指南之后研发而成，内容丰富，功能强大，方便实用，界面清晰简洁。真考涉及的所有试题均可通过本软件进行练习，考题类型、考试环境、评分标准均模拟实际考试环境。

同时，软件还提供强大的服务体系，包括专业答疑QQ群（QQ号码：184527634）、读者答疑电话（15321575818）、YY冲刺大讲堂（YY频道号：52583601）、距离下次考试剩余时间的友情提示；并与虎奔科举网和虎奔手机软件相互打通，为考生提供全方位的服务，确保考生一次通关。

下面详细介绍软件的使用及主要功能。

一、软件安装

（1）将光盘放入光驱可自动开启安装界面；双击光盘中的文件"Autorun.exe"，也可进入安装界面，如图1所示。

图1　自动运行的安装界面

（2）单击安装界面中的"点击安装"按钮，按照安装程序的引导，完成程序的安装，如图2所示。

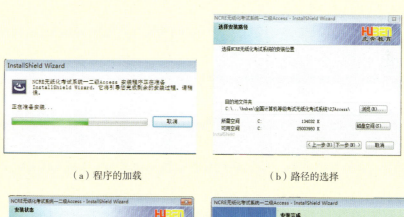

（a）程序的加载　　　　　　　　　（b）路径的选择

（c）开始安装　　　　　　　　　（d）完成安装

图2　程序的安装

二、软件下载

如果光盘受损坏，或者考生没有光驱，无法用光盘进行软件的安装，也可以从虎奔官网下载安装程序进行安装，过程如下。

（1）登录虎奔官网的下载专区（http://www.chinahuben.com/z/down/），如图3所示。找到并单击相应科目，打开对应的下载页面，如图4所示，单击下载按钮。

图3　下载专区

图4　下载页面

（2）在弹出的"文件下载"对话框中（如图5所示），单击"普通下载"按钮，打开如图6所示的对话框，指定并记住文件的保存路径，单击"下载"按钮，即开始程序的下载，如图7所示。

图5　文件下载　　　　　　　　　图6　指定保存路径

图7 开始下载

图6和图7所示的下载过程是使用搜狗浏览器的效果,可能与考生的界面不一致,但不会影响软件的下载和使用。

三、功能说明

1. 软件激活

(1)软件安装完成后,默认状态下是未激活的状态,此时,部分功能无法正常使用,包括单项练习中选择题和程序题的部分试题,强化练习中第11套以后的内容(含第11套),以及名师讲堂功能。激活界面如图8所示。

(2)刮开图书背面下方学习卡中的卡号和密码,如图9所示,填入卡号和密码至指定位置,并单击"激活"按钮,等待系统与服务器进行验证,验证通过即可激活成功。

图8 联网激活 　　　　　图9 学习卡刮开后效果

2. 单项练习

本模块包括4大功能,分别是选择题、基本操作题、简单应用题和综合应用题。把真考题库中的所有试题按考点分类,配合考生日常对知识点学习的同时,通过本模块中的对应试题进行有针对性的练习。模块中的所有试题均可自动评分,并配有答案和详细的解析,尤其是操作题部分,不仅可以查看文字解析,还可以查看视频形式的操作演示,如图10所示。

图10 单项练习主界面

3. 强化练习

通过一段时间的学习，考生就可以对题库中的试题进行强化练习了，如图 11 所示。系统按照考生的需要，为考生从题库中抽取指定套数的试题，包括 1 套选择题和 1 套操作题。其中，选择题共 40 道题，每题 1 分，共 40 分，前 10 道考查的是二级公共基础知识部分的内容，后 30 道考查的是二级 Access 部分的内容；操作题包括 1 道基本操作题、1 道简单应用题和 1 道综合应用题。

图11　强化练习主界面

1 套试题的答题时间是 120 分钟，答题完成后，可通过"状态信息栏"中的"交卷"按钮，或"系统评分"菜单下的相关子菜单进行交卷（如图 12 所示），系统会对考生的答题结果进行评判，并给出分值和错误提示。

图12　强化练习答题界面

4. 模拟考试

本模块从登录、信息验证、抽题、答题、交卷、评分等过程对真实考试进行模拟，使考生提前熟悉考试环境，尽快进入备考状态，如图 13 所示。同时，还能够检验考生对知识点的掌握情况。本部分与前面介绍的单项练习和强化练习所涉及的试题均源自最新真考题库。

图13 模拟考试主界面

5. 名师讲堂

本模块中的课程由虎奔教育联合科举网共同开发,考生登录虎奔科举网,完成注册和登录,并选择相应科目的课程后,在购买页面输入图书背面下方学习卡中的卡号和密码,即可以优惠价(比正式价格优惠100元)购买虎奔科举网上的课程,如图14所示。

图14 在线课堂主界面

6. 配书答案

本部分内容为选配模块，适用于购买了虎奔版计算机等级考试无纸化真考题库或无纸化真考三合一系列图书的考生。由于真考题库中的题量较大，为向考生提供更全面、更权威的内容，同时又不增加考生的费用支出，将部分试题对应的答案和解析在本模块中进行展示。同时，为满足部分有纸质版答案及解析需求的考生的需要，考生还可以对选择题或操作题对应的答案进行打印，如图15所示。

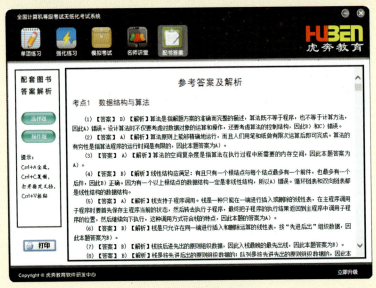

图15　配书答案主界面

7. 消息盒子

为了向考生提供更加全面的服务，软件还配有消息盒子功能，如图16所示。系统会不定期向装有本套软件的考生发送关于考试的信息或通知等。同时，如果软件有功能或题库的升级，我们也会以消息盒子的形式向考生发送通知。考生单击软件主界面中的"立即升级"按钮，即可检查并自动安装更新。

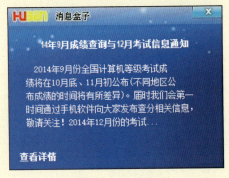

图16　消息盒子

8. 其他服务

为了更好地帮助考生通过考试，软件还提供了QQ答疑群、YY公益讲堂、手机软件、虎奔科举网等快速访问方式，如图17所示。同时，软件还会提示考生距离下一次考试的剩余天数，如图18所示。

图17　其他服务

图18　剩余天数提醒

全国计算机等级考试专业辅导用书

全国计算机等级考试
无纸化专用教材

二级 Access

李 媛　王小平　编著

清华大学出版社
北京

内 容 简 介

本书严格依据最新颁布的《全国计算机等级考试大纲》编写，并结合了历年考题的特点、考题的分布和解题的方法。

本书分为 8 章，包括数据库基础知识、数据库和表、查询、窗体、报表、宏、VBA 编程基础、VBA 数据库编程等内容。

本书配套光盘提供强化练习、真考模拟环境、评分与视频解析、名师讲堂等模块。

本书适合报考全国计算机等级考试"二级 Access"科目的考生选用，也可作为大中专院校相关专业的教学辅导用书或相关培训课程的教材

本书封面贴有清华大学出版社防伪标签，无标签者不得销售。
版权所有，侵权必究。侵权举报电话：010-62782989 13701121933

图书在版编目(CIP)数据

全国计算机等级考试无纸化专用教材. 二级 Access / 李媛、王小平编著. 一北京：清华大学出版社，2015
(2017.1 重印)
全国计算机等级考试专业辅导用书
ISBN 978-7-302-38568-4

Ⅰ.①全… Ⅱ.①李… ②王… Ⅲ.①电子计算机－水平考试－自学参考资料②关系数据库系统－水平考试－自学参考资料 Ⅳ.①TP3

中国版本图书馆 CIP 数据核字(2014)第 273617 号

责任编辑：袁金敏
封面设计：傅瑞学
责任校对：徐俊伟
责任印制：王静怡

出版发行：清华大学出版社
    网　　址：http://www.tup.com.cn，http://www.wqbook.com
    地　　址：北京清华大学学研大厦 A 座　　邮　　编：100084
    社 总 机：010-62770175　　邮　　购：010-62786544
    投稿与读者服务：010-62776969, c-service@tup.tsinghua.edu.cn
    质量反馈：010-62772015, zhiliang@tup.tsinghua.edu.cn
印 刷 者：三河市君旺印务有限公司
装 订 者：三河市新茂装订有限公司
经　　销：全国新华书店
开　　本：185mm×260mm　　印　张：16.5　　字　数：409 千字
　　　　　(附光盘 1 张)
版　　次：2015 年 1 月第 1 版　　印　次：2017 年 1 月第 2 次印刷
定　　价：35.00 元

产品编号：062194-02

前言

全国计算机等级考试(National Computer Rank Examination,NCRE)是经原国家教育委员会(现教育部)批准,由教育部考试中心主办,用于考查应试人员计算机应用知识与技能的全国性计算机水平考试。计算机等级考试相应证书的取得,已经逐渐成为衡量考生计算机操作水平的标准。另外,也为考生以后的学习和工作打下良好的基础。

随着教育信息化步伐的加快,按教育部要求,从2013年上半年开始,全国计算机等级考试已完全采用无纸化考试的形式。为了使教师授课和考生备考尽快适应考试形式的变化,本书编写组组织具有多年教学和命题经验的各方专业人士,结合最新考试大纲,深入分析最新无纸化考试形式和题库,精心编写了本套无纸化专用教材。

本书具有以下特点。

1. 知识点直击真考

深入分析和研究历年考试真题,结合最新考试大纲和无纸化考试的命题规律,知识点的安排完全依据真考考点,并将典型真考试题作为例题讲解,使考生在初学时就能掌握知识点的考试形式。

2. 课后题查缺补漏

为巩固考生对重要知识点的把握,本书每章均配有课后习题。习题均出自无纸化真考题库,具有典型性和很强的针对性。

3. 无纸化真考环境

本书配套软件完全模拟真实考试环境,其中包括四大功能模块:选择题、操作题日常练习系统,强化练习系统,完全仿真的模拟考试系统及真人高清名师讲堂系统。同时软件中配有所有试题的答案,方便有需要的考生查阅或打印。

4. 自助式全程服务

虎奔培训、虎奔官网、手机软件、YY讲座、虎奔网校、免费答疑热线、专业QQ群等互动平台,随时为考生答疑解惑;考前一周冲刺专题,还可以通过虎奔软件自动获取考前预测试卷;考后第一时间点评专题,帮助考生提前预测考试成绩。

本书由李媛和王小平担任主编,李媛完成第1～3章的编写工作和全书的统稿工作,王小平完成第4～8章的编写工作。参加本书编著工作的还有李鹏、刘爱格、张永刚、石永煊、王希更、路谨铭、戚海英、刘欣苗等。

由于时间仓促,书中难免存在疏漏之处,我们真诚希望得到广大读者的批评指正。

编　者

目 录

第1章 数据库基础知识
1.1 数据库基础知识 ………………………… 1
1.1.1 计算机数据管理的基本概念 …… 1
1.1.2 数据库系统 …………………… 2
1.1.3 数据模型 ……………………… 3
1.2 关系数据库 ……………………………… 5
1.2.1 关系数据模型 ………………… 5
1.2.2 关系运算 ……………………… 8
1.3 数据库设计基础 ………………………… 10
1.3.1 数据库的设计原则 …………… 10
1.3.2 数据库的设计过程 …………… 11
1.4 Access 系统简介 ………………………… 14
1.4.1 Access 2010 主界面 …………… 14
1.4.2 Access 数据库的系统结构 …… 16
本章小结 ……………………………………… 19
真题演练 ……………………………………… 19
巩固练习 ……………………………………… 20

第2章 数据库和表
2.1 数据库的基本操作 ……………………… 21
2.1.1 创建数据库 …………………… 21
2.1.2 打开和关闭数据库 …………… 24
2.2 建立表 …………………………………… 26
2.2.1 表的组成 ……………………… 26
2.2.2 建立表结构 …………………… 28
2.2.3 设置字段属性 ………………… 30
2.2.4 数据的输入与导出 …………… 36
2.3 表间关系 ………………………………… 46
2.3.1 表间关系的概念 ……………… 46
2.3.2 设置参照完整性 ……………… 46
2.3.3 建立表间关系 ………………… 46
2.3.4 编辑和删除表间关系 ………… 48
2.4 表的维护 ………………………………… 49
2.4.1 修改表结构 …………………… 49
2.4.2 编辑表内容 …………………… 50
2.4.3 调整表外观 …………………… 53
2.5 表的其他操作 …………………………… 56
2.5.1 筛选记录 ……………………… 56
2.5.2 排序记录 ……………………… 60
本章小结 ……………………………………… 62
真题演练 ……………………………………… 62
巩固练习 ……………………………………… 65

第3章 查询
3.1 查询概述 ………………………………… 67
3.1.1 查询的概念和功能 …………… 67
3.1.2 查询的分类 …………………… 67
3.2 查询的条件 ……………………………… 68
3.2.1 运算符 ………………………… 69
3.2.2 函数 …………………………… 69
3.2.3 表达式 ………………………… 71
3.3 创建选择查询 …………………………… 72
3.3.1 使用"设计视图" ……………… 72
3.3.2 在查询中进行计算 …………… 76
3.4 创建交叉表查询和参数查询 …………… 79
3.4.1 认识交叉表查询 ……………… 79
3.4.2 创建交叉表查询 ……………… 79
3.4.3 创建参数查询 ………………… 84
3.5 创建操作查询 …………………………… 87
3.5.1 生成表查询 …………………… 87
3.5.2 删除查询 ……………………… 88
3.5.3 更新查询 ……………………… 89
3.5.4 追加查询 ……………………… 91
3.6 创建SQL查询 …………………………… 92
3.6.1 SQL语言简介 ………………… 92
3.6.2 SQL基本语句 ………………… 93
3.6.3 创建SQL简单查询 …………… 96
3.6.4 创建SQL特定查询 …………… 98

3.7 编辑和使用查询 ……………………… 100
　3.7.1 编辑查询中的字段 …………… 100
　3.7.2 编辑查询中的数据源 ………… 101
本章小结 ……………………………………… 102
真题演练 ……………………………………… 102
巩固练习 ……………………………………… 104

第4章 窗体

4.1 认识窗体 ……………………………… 107
　4.1.1 窗体的概念与功能 …………… 107
　4.1.2 窗体的视图 …………………… 107
4.2 创建窗体 ……………………………… 108
　4.2.1 自动创建窗体 ………………… 109
　4.2.2 使用"空白窗体"工具创建窗体 … 111
　4.2.3 使用向导创建窗体 …………… 112
　4.2.4 创建图表窗体 ………………… 114
4.3 设计窗体 ……………………………… 117
　4.3.1 窗体设计视图 ………………… 117
　4.3.2 常用控件的功能 ……………… 118
　4.3.3 常用控件的使用 ……………… 120
　4.3.4 窗体和控件的属性 …………… 129
4.4 修饰窗体 ……………………………… 133
　4.4.1 使用主题 ……………………… 134
　4.4.2 使用条件格式 ………………… 134
　4.4.3 添加当前日期和时间 ………… 136
　4.4.4 调整窗体布局 ………………… 137
本章小结 ……………………………………… 138
真题演练 ……………………………………… 138
巩固练习 ……………………………………… 139

第5章 报表

5.1 认识报表 ……………………………… 141
　5.1.1 报表的基本概念和功能 ……… 141
　5.1.2 报表设计视图 ………………… 141
5.2 创建报表 ……………………………… 143
　5.2.1 使用"报表向导"创建报表 …… 144
　5.2.2 使用"报表"工具创建报表 …… 145
　5.2.3 使用"空报表"工具创建报表 … 146
　5.2.4 使用"报表设计视图"创建报表 … 148
5.3 编辑报表 ……………………………… 150
　5.3.1 添加背景图案 ………………… 150
　5.3.2 添加日期和时间 ……………… 151
　5.3.3 添加分页符和页码 …………… 152
　5.3.4 使用节 ………………………… 153

　5.3.5 绘制线条和矩形 ……………… 153
5.4 使用计算控件 ………………………… 153
　5.4.1 向报表中添加计算控件 ……… 153
　5.4.2 报表统计计算 ………………… 155
5.5 报表排序和分组 ……………………… 155
　5.5.1 记录排序 ……………………… 155
　5.5.2 记录分组 ……………………… 157
5.6 报表常用属性 ………………………… 160
　5.6.1 报表属性 ……………………… 160
　5.6.2 节属性 ………………………… 160
本章小结 ……………………………………… 161
真题演练 ……………………………………… 161
巩固练习 ……………………………………… 162

第6章 宏

6.1 宏的功能 ……………………………… 163
　6.1.1 宏的基本概念 ………………… 163
　6.1.2 设置宏操作 …………………… 163
6.2 建立宏 ………………………………… 164
　6.2.1 创建不同类型的宏 …………… 164
　6.2.2 宏的运行 ……………………… 168
　6.2.3 设置宏操作参数 ……………… 168
　6.2.4 常用的宏命令 ………………… 169
　6.2.5 宏的调试 ……………………… 169
6.3 通过事件触发宏 ……………………… 170
本章小结 ……………………………………… 173
真题演练 ……………………………………… 173
巩固练习 ……………………………………… 175

第7章 VBA编程基础

7.1 VBA的编程环境 ……………………… 176
7.2 模块 …………………………………… 178
　7.2.1 模块的基本概念 ……………… 178
　7.2.2 模块的分类 …………………… 178
　7.2.3 创建模块 ……………………… 179
7.3 VBA程序设计基础 …………………… 179
　7.3.1 在VBE环境中编写VBA代码 … 179
　7.3.2 变量与常量 …………………… 182
　7.3.3 常用标准函数 ………………… 187
　7.3.4 运算符和表达式 ……………… 191
7.4 VBA流程控制语句 …………………… 193
　7.4.1 赋值语句 ……………………… 193
　7.4.2 条件语句 ……………………… 194

  7.4.3 循环语句 …………… 198
 7.5 面向对象的程序设计 …………… 200
  7.5.1 属性和方法 …………… 200
  7.5.2 事件和事件过程 …………… 201
 7.6 VBA 常见操作 …………… 201
  7.6.1 DoCmd 对象的应用 …………… 201
  7.6.2 消息框 …………… 204
  7.6.3 输入框 …………… 205
  7.6.4 鼠标操作 …………… 206
  7.6.5 键盘操作 …………… 207
  7.6.6 计时事件 …………… 208
  7.6.7 数据文件读写 …………… 210
  7.6.8 检查函数 …………… 210
 7.7 过程调用和参数传递 …………… 211
  7.7.1 子过程的定义和调用 …………… 211
  7.7.2 函数过程的定义和调用 …………… 211
  7.7.3 参数传递 …………… 212
 7.8 VBA 程序错误处理与调试 …………… 214
  7.8.1 设置断点 …………… 214
  7.8.2 调试工具的使用 …………… 215
  7.8.3 On Error GoTo 语句 …………… 217
 本章小结 …………… 218
 真题演练 …………… 218
 巩固练习 …………… 222

第 8 章 VBA 数据库编程

 8.1 概述 …………… 224
  8.1.1 数据库引擎及体系结构 …………… 224
  8.1.2 数据访问技术 …………… 225
 8.2 VBA 数据库编程技术 …………… 225
  8.2.1 数据库访问对象（DAO） …………… 225
  8.2.2 Activex 数据对象（ADO） …………… 227
  8.2.3 特殊域聚合函数 …………… 230
  8.2.4 Docmd 对象的 RunSQL 方法 …… 231
 本章小结 …………… 232
 真题演练 …………… 232
 巩固练习 …………… 233

附录 A 常用函数 …………… 235
附录 B 窗体属性及其含义 …………… 239
附录 C 控件属性及其含义 …………… 241
附录 D 常用宏操作命令 …………… 243
附录 E 常用事件 …………… 246
附录 F 全国计算机等级考试二级 Access 数据库程序设计最新考试大纲 …………… 249
附录 G 巩固练习参考答案 …………… 253

第 1 章 数据库基础知识

随着信息化的逐步发展,数据库与人们日常生活息息相关,图书馆借书、银行取款等都会接触到数据库,数据库已经成为社会发展进步不可或缺的重要基础。本章重点介绍数据库的一些基本概念和理论,并结合 Microsoft Access 2010 介绍关系数据库的相关知识。

1.1 数据库基础知识

1.1.1 计算机数据管理的基本概念

了解数据管理,首先要了解以下几个概念。

1. 数据

数据是指存储在某一种媒体上能够识别的物理符号。数据的概念包括以下两个方面:① 描述事物特性的数据内容;② 存储在某一种媒体上的数据形式。

2. 数据处理

数据处理是指将数据转换成信息的过程。从数据处理的角度而言,信息是一种被加工成特定形式的数据。通常人们所说的"信息处理",其真正含义是为了产生信息而处理数据。通过数据处理可以获得对使用者有用的信息,通过分析和筛选信息可以进行决策。

数据处理的核心问题是数据管理。数据管理是数据处理中最基本的工作,包括对数据的组织、分类、编码、储存、维护和查询统计等。

计算机在数据管理方面经历了从低级到高级的发展过程。计算机数据管理随着计算机硬件、计算机软件和计算机应用范围的发展而不断发展,经历了人工管理、文件系统、数据库系统(后发展为分布式数据库系统和面向对象数据库系统)等几个阶段。

3. 数据库系统

20 世纪 60 年代后期,计算机用于管理的规模更为庞大,应用越来越广泛,为了满足多用户、多应用共享数据的需求,出现了数据库技术,数据处理技术进入了数据库系统阶段。

在数据库系统中,数据可以被多个用户和应用程序所共享。数据从应用程序中独立出来,由数据库管理系统统一管理。数据库管理系统是为建立、使用和维护数据库而配置的软件。

此阶段数据管理的特点如下。

① 实现了数据共享,减少了数据冗余。
② 采用了特定的数据模型。
③ 具有较高的数据独立性。
④ 有了统一的数据控制功能。

随着网络技术的发展和程序设计技术的提高,还出现了分布式数据库系统和面向对象的数据库系统。

分布式数据库系统是数据库技术与网络通信技术紧密结合的产物;面向对象的数据库系统是数据库技术与面向对象程序设计相结合的产物。

1.1.2 数据库系统

下面介绍一下数据库的相关概念、数据库系统的组成及数据管理系统。

1. 数据库的相关概念

(1) 数据(Data)

数据是指存储在某一种媒体上的能够识别的物理符号。数据不仅包括由数字、字母、文字和其他特殊字符等组成的文本数据,还包括图形、图像、动画、影像和声音等多媒体数据。

(2) 数据库(DataBase,DB)

数据库是存储在计算机存储设备上的结构化的相关数据的集合。它不仅包括描述事物的数据本身,还包括相关事物之间的联系。例如,人们常常用通讯录把亲戚和朋友的"姓名"、"地址"、"电话号码"等信息记录下来,这个通讯录就是一个简单的"数据库"。每个人的"姓名"、"地址"、"电话号码"等信息就是数据库中的"数据"。人们可以在"通讯录"数据库中添加新朋友的信息,修改或查找某位朋友的"地址"或"电话号码"等数据。日常生活中,这样的"数据库"随处可见。

(3) 数据库管理系统(DataBase Management System,DBMS)

为数据库的建立、使用和维护而配置的软件称为数据库管理系统,它是数据库系统的核心。通过数据库管理系统,用户能够定义和操纵数据,能够保证数据的安全性和完整性,在系统故障后还能恢复数据。Access 就是一个可以在计算机上运行的数据库管理系统。

(4) 数据库应用系统(DataBase Application System,DBAS)

数据库应用系统是指利用数据库系统资源开发出来的、面向某一类实际应用的应用软件系统,如财务管理系统、图书管理系统、教学管理系统等。

(5) 数据库系统(DataBase System,DBS)

数据库系统是指引进数据库技术后的计算机系统,是实现有组织地、动态地存储大量相关数据,并提供数据处理和信息资源共享的有效手段。

(6) 数据库管理员(DataBase Administrator,DBA)

数据库管理员是负责监督和管理数据库系统的专门人员或管理机构。

2. 数据库系统(DBS)的组成

数据库系统(DBS)由五个部分组成,分为硬件系统、数据库(DB)、数据库管理系统(DBMS)及相关软件、数据库管理员(DBA)和用户。

需要注意的是,数据库系统(DBS)、数据库(DB)、数据库管理系统(DBMS)三者之间存在如下关系:数据库(DB)和数据库管理系统(DBMS)是数据库系统(DBS)的组成部分,数据库(DB)又是数据库管理系统(DBMS)的管理对象,数据库管理系统(DBMS)是数据库系统(DBS)的核心。

3. 数据库管理系统(DBMS)

数据库管理系统(DBMS)支持用户对数据库(DB)的基本操作,是数据库系统(DBS)的核心软件,其主要目标是使数据成为方便用户使用的资源,易于为各种用户所共享,并增进数据的安全性、完整性和可用性。数据库管理系统(DBMS)在系统层次结构中的位置如图 1.1 所示。

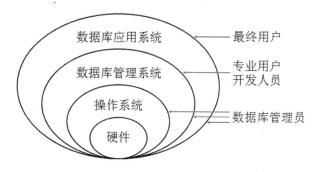

图 1.1　数据库管理系统层次示意图

DBMS 的功能主要包括以下六个方面。
① 数据定义。
② 数据操纵。
③ 数据库运行管理。
④ 数据的组织、存储和管理。
⑤ 数据库的建立和维护。
⑥ 数据通信接口。

1.1.3　数据模型

数据库进行管理数据时需要根据应用系统中数据的性质及内在联系,按要求来进行设计和组织。人们把客观存在的事物以数据的形式存储到计算机中,经历了对现实生活中事物特性的认识、概念化到计算机数据库中的具体表示的逐级抽象过程。

1. 实体的描述

(1) 实体

客观存在并且相互区别的事物称为实体。实体可以是实际的事物,也可以是抽象的事物。例如,学生、学校属于实际的事物;比赛、借书、考试等活动则是比较抽象的事物。

(2) 实体的属性

描述实体的特性称为属性。例如,学生实体用"姓名"、"学号"、"性别"和"出生日期"等若干属性来描述;图书实体用"图书编号"、"分类号"、"书名"、"作者"、"单价"等多个属性来描述。

(3) 实体集和实体型

属性值的集合表示一个实体,而属性的集合表示一种实体的类型,称为实体型。例如,一个二维表中有"图书编号"、"图书名称"、"作者"、"价格"等属性,通过这些属性可以知道这个二维表中的内容是表示图书这种实体型,可以表示为"图书(图书编号,图书名称,作者,价格)"。

同类型的实体的集合称为实体集。如果把所有计算机类的书、文学类的书及小说类的书等各类书放到一起,就组成了一个图书的实体集。

在 Access 中,用"表"存放同一类实体,即实体集。表中包含的"字段"就是实体的属性,表中的每一条记录表示一个实体。

2. 实体间的联系

通常把实体间的对应关系称为联系。实体间的联系可以归结为以下三种类型。

（1）一对一联系

在 Access 中，一对一的联系表现为主表中的每一条记录只与相关表中的一条记录相关联。

例如，一个班级只有一名班长，一名班长只能管理一个班级，班级和班长之间的联系就是一对一的联系。

（2）一对多联系

在 Access 中，一对多的联系表现为主表中的每一条记录与相关表中的多条记录相关联。

例如，一名辅导员可以管理多个班级，多个班级的辅导员是同一个人，辅导员和班级之间的联系就是一对多的联系。

（3）多对多联系

在 Access 中，多对多的联系表现为一个表中的多条记录，在相关表中同样有多条记录与之对应。

例如，一名学生可以选修多门课程，一门课程也可以被多名学生选修，学生信息表和课程信息之间的联系就是多对多的联系。

3. 数据模型分类

为了反映事物本身及事物之间的各种联系，数据库中的数据必须有一定的结构，这种结构用数据模型来表示。数据库不仅管理数据本身，而且要使用数据模型表示出数据之间的联系。一个具体的数据模型应当能够正确反映出数据之间存在的整体逻辑关系。

数据库管理系统所支持的传统数据模型分为三种：层次数据模型、网状数据模型和关系数据模型。

（1）层次数据模型

用树型结构表示实体及其之间联系的模型称为层次数据模型，如图 1.2 所示。层次数据模型由根结点、子结点和叶子结点组成，每一个结点代表一个实体类型。上级结点与下级结点之间为一对多的联系。层次数据模型不能直接表示出多对多的联系。

（2）网状数据模型

用网状结构表示实体及其之间联系的模型称为网状数据模型。网中的每一个结点代表一个实体类型。网状数据模型允许一个结点有多于一个的父结点，可以有一个以上的结点没有父结点。因此，网状数据模型能方便地表示出各种类型的联系，当然包括多对多的联系。

图 1.3 所示是一个网状数据模型，其中结点 E 有 B、C 和 D 三个父结点，结点 A 和 F 没有父结点。

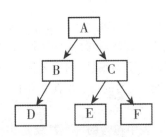

图 1.2 层次数据模型

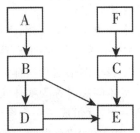

图 1.3 网状数据模型

层次数据模型和网状数据模型都是用结点来表示实体的,其中每一个结点都是一个存储记录,模型中用链接指针来实现记录之间的联系。这种用指针将所有数据记录都"捆绑"在一起的特点难以实现系统的修改与扩充。

(3) 关系数据模型

用二维表结构来表示实体以及实体之间联系的模型称为关系数据模型,如表 1.1 所示。在关系型数据库中,一个二维表就是一个关系,每一个关系都是一个二维表。

关系数据模型与层次数据模型、网状数据模型的区别在于:关系数据模型中不需要使用链接指针来体现实体间的联系,而是通过描述实体本身的数据就能够自然地反映出它们之间的联系。

表 1.1 关系模型　　　　　　　　　　　　　　　　　　　　　　　　　单位:元

职工号	基本工资	奖金	实发工资
01	1 400	600	2 000
02	1 200	400	1 600
03	1 300	500	1 800

1.2　关系数据库

1.2.1　关系数据模型

关系数据模型是用二维表的形式来表示实体和实体之间联系的数据模型。关系数据模型的表现形式非常简单,一个关系的逻辑结构就是一个二维表。

1. 关系的相关术语

(1) 关系

一个关系就是一个二维表,每个关系有一个关系名。在 Access 中,一个关系存储为一个表,具有一个表名。对关系的所有操作都是通过操作表实现的。

图 1.4 所示的"学生信息"表、图 1.5 所示的"课程信息"表、图 1.6 所示的"选课信息"表均为关系。

学号	姓名	性别	出生日期	院系号	入校时间	党员否	简历	照片
20011001	王希	男	1992/3/1	02	2003/9/1	Yes	2001年在北京	
20011002	王冠	男	1995/3/1	03	2005/9/4	No	2001年在北京	
20011003	陈风	女	1994/3/1	01	2004/9/11	Yes	2001年在北京	
20011004	张进	女	1991/3/1	01	2003/9/2	Yes	2001年在北京	
20011005	张保国	男	1996/3/1	01	2005/9/2	No	2001年在北京	
20021001	王小青	女	1995/3/1	02	2005/9/5	Yes	2002年在北京	
20021002	刘流	男	1995/3/1	04	2005/9/1	No	2002年在北京	
20021003	孙青青	女	1994/3/1	01	2004/9/4	No	2002年在北京	
20021004	舒华	男	1992/3/1	03	2003/9/7	Yes	2002年在北京	
20021005	陈进	男	1993/3/1	03	2004/9/3	No	2002年在北京	
20041001	张成	男	1994/3/1	01	2005/9/1	Yes	2004年在北京	
20041002	汪桂花	女	1995/3/1	02	2005/9/1	No	2004年在北京	
20041003	张军	男	1995/3/1	04	2005/9/1	No	2004年在北京	
20041004	张小青	女	1995/3/1	04	2005/9/1	No	2004年在北京	

图 1.4　"学生信息"表

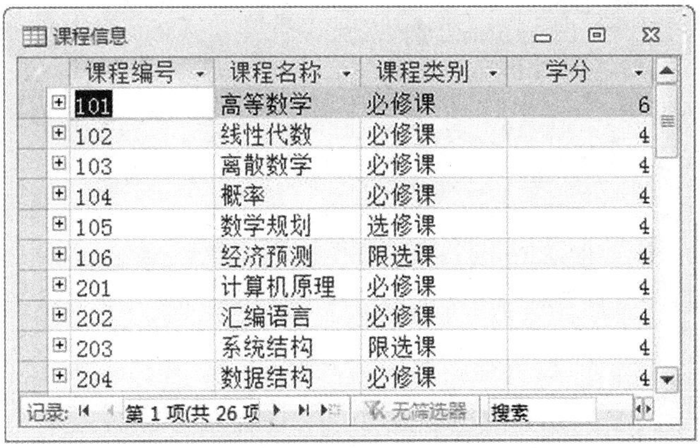

课程编号	课程名称	课程类别	学分
101	高等数学	必修课	6
102	线性代数	必修课	4
103	离散数学	必修课	4
104	概率	必修课	4
105	数学规划	选修课	4
106	经济预测	限选课	4
201	计算机原理	必修课	4
202	汇编语言	必修课	4
203	系统结构	限选课	4
204	数据结构	必修课	4

图 1.5 “课程信息”表

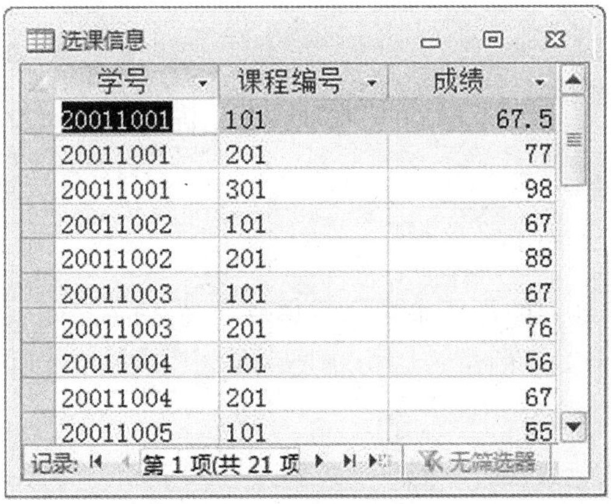

学号	课程编号	成绩
20011001	101	67.5
20011001	201	77
20011001	301	98
20011002	101	67
20011002	201	88
20011003	101	67
20011003	201	76
20011004	101	56
20011004	201	67
20011005	101	55

图 1.6 “选课信息”表

对关系的描述称为关系模式，一个关系模式对应一个关系的结构，其格式为：

关系名(属性名 1，属性名 2，…，属性名 n)

在 Access 中，一个关系模式对应一个关系的结构。其格式为：

表名(字段名 1，字段名 2，…，字段名 n)

图 1.6 所示的“选课信息”表可表示为：

选课信息(学号，课程编号，成绩)

(2) 元组

在一个二维表中，水平方向的行称为元组，在 Access 中，元组又被称为记录。例如，“课程信息”表和“学生信息”表中两个关系各包含了多条记录(或多个元组)。

(3) 属性

二维表中垂直方向的列称为属性，每一列有一个属性名。在 Access 中，属性又被称作字段，字段由字段名和字段值组成。例如，“学生信息”表中包含了“学号”、“姓名”、“性别”等字段。

(4) 域

属性的取值范围称为域,也称值域。通过值域,可以对属性的取值进行限定。例如,"姓名"字段的取值范围是文字字符;"性别"字段的字段值只能从"男"、"女"两个汉字中选择其一。

(5) 关键字

关键字是属性或属性的组合,其值能够唯一地标识一个元组。在 Access 中,关键字表示为字段或字段的组合,而关键字字段中不能有重复的值或空值。例如,"学生信息"表中的"学号"字段就可以作为标识一条记录的关键字;而"学生信息"表中的"姓名"字段就不能作为关键字,因为可能会出现重名,达不到唯一标识的效果。

在 Access 中,主关键字和候选关键字都能起到唯一标识一个元组的作用。

(6) 外部关键字

如果表中的一个字段不是本表的主关键字,而是另一个表的主关键字或候选关键字,则这个字段就称为外部关键字。例如,"选课信息"表中的"学号"字段就是该表的外部关键字("学号"字段是"学生信息"表的主关键字)。

2. 关系的特点

在关系模型中对关系有一定的要求,关系必须具有以下特点。

① 关系必须规范化,即关系仅由行和列组成,表中不能再包含表。

② 在同一个关系中不能出现相同的属性名,在 Access 中,不允许一个表中有相同的字段名。

③ 关系中不允许有完全相同的元组,在 Access 中,一个表中不能有两条完全相同的记录。

④ 在一个关系中,元组的次序无关紧要,可任意交换两行的位置。

⑤ 在一个关系中,列的次序无关紧要,可任意交换两列的位置。

3. 关系的完整性规则

关系模型中有三种完整性约束,分别是实体完整性规则、参照完整性规则和用户定义的完整性规则。

(1) 实体完整性规则

实体完整性规则要求关系中的主关键字不能取空值或重复值。空值(Null)既不是 0,也不是空字符串,而是未知的值,是不确定的值。在 Access 中,空值是指输入时跳过或者不输入的值。如果主关键字取空值或者重复值,就失去了唯一标识实体的作用。关系模型必须满足实体完整性规则。

例如,"学生信息"表的主关键字是"学号",可以唯一标识一名学生。按照实体完整性规则,"学号"字段的取值不能为空值(Null),而且不能取重复值。

(2) 参照完整性规则

参照完整性规则是对关系数据库中建立关联关系的关系间数据参照引用的约束,即对外部关键字的约束。也就是说,外部关键字的取值必须是另一个关系主关键字的有效值,或者为空值(Null)。

例如,"学生信息"表的"学号"字段为主关键字;"选课信息"表的"学号"字段来自"学生信息"表,所以是"选课信息"表的外部关键字。按照参照完整性规则,"选课信息"表的"学号"字段取值或为空值(Null),或者为"学生信息"表的"学号"字段的某个值。

(3) 用户定义的完整性规则

用户定义的完整性规则是针对某一个具体关系数据库的约束条件,如定义属性的数据类型、数据大小、数据取值范围等。用户定义之后,数据库管理系统将始终检验是否满足这个规则。

例如,规定"学生信息"表中的"性别"字段的值只能为"男"或者"女",这就是用户定义的完整性规则。

4. 实体关系模型

一个具体的关系模型由若干个关系模式组成。在 Access 中,一个数据库中包含若干个相互联系的表,这个数据库就对应了一个实际的关系模型。为了反映出各个表所表示的实体之间的联系,公共字段起到了"桥梁"的作用。所以,关系模型中的各个关系模式不是孤立的,而是相互之间存在着联系。

例如,学生管理数据库中包含了三个表:"学生信息"表(如图1.4所示)、"课程信息"表(如图1.5所示)、"选课信息"表(如图1.6所示)。"学生信息"表和"选课信息"表的公共字段"学号"体现了两表之间的联系,而"选课信息"表和"课程信息"表的公共字段"课程编号"体现了两表之间的联系。学生信息、课程信息、选课信息这三个关系模式就组成了"学生信息－选课信息－课程信息"关系模型,如图1.7所示。

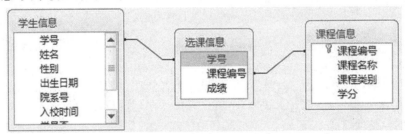

图 1.7　关系模型

1.2.2　关系运算

对关系数据库进行查询时,要找到用户所需要的数据,这就要对关系进行一定的关系运算。关系运算分为选择运算、投影运算、连接运算。

关系运算的操作对象是关系,关系运算的结果仍然是关系。

1. 选择

选择操作是从关系中找出满足给定条件元组的操作。它是从行的角度进行的运算,从水平方向抽取元组,形成新的关系。选择操作的条件是逻辑表达式,操作的结果是使逻辑表达式为真的元组。经过选择运算得到的关系,属性数量不变,元组数量往往会减少。

例如,若要从"学生信息"表中找出所有男同学的信息,就需要用选择运算来实现,如图1.8所示。

图 1.8 选择运算

2. 投影

投影操作是从关系模式中指定若干个属性组成新的关系。它是从列的角度进行的运算,相当于对关系进行垂直分解,得到一个新的关系。经过投影运算得到的关系,元组数量不变,属性数量往往会减少,或者属性的排列顺序不同。

例如,要从"学生信息"表中找出所有学生的姓名,就需要用投影运算来实现,如图 1.9 所示。

图 1.9 投影运算

3. 连接

连接操作是将两个关系模式横向拼接形成一个新的关系。形成的新关系是满足连接条件的元组。连接过程通过连接条件进行控制,条件中应有两个表中的公共属性名,或者具有相同的语义、可比的属性。连接结果是满足条件的所有记录。

在连接运算中,按照属性值对应相等为条件进行的连接操作称为等值连接。去掉重复值的等值连接称为自然连接。实际使用中,最常用的连接运算就是自然连接(Natural Join)。

例如,"课程信息"表与"选课信息"表进行等值连接后得到了如图 1.10 所示的结果,是以"课程编号"字段的字段值对应相等为条件进行的连接。连接后的新表中有两个"课程编号"字段,如果去掉一个重复的"课程编号"字段,就是自然连接,自然连接后的结果如图 1.11 所示。

图 1.10 等值连接

课程编号	课程名称	课程类别	学分	学号	成绩
101	高等数学	必修课	6	20011001	67.5
101	高等数学	必修课	6	20011002	67
101	高等数学	必修课	6	20011003	67
101	高等数学	必修课	6	20011004	56
101	高等数学	必修课	6	20011005	55
101	高等数学	必修课	6	20021001	72
101	高等数学	必修课	6	20021002	81
101	高等数学	必修课	6	20021003	72
101	高等数学	必修课	6	20021004	83
101	高等数学	必修课	6	20021005	56
101	高等数学	必修课	6	20041001	81
101	高等数学	必修课	6	20041002	82

图 1.11　自然连接

　　选择运算和投影运算的操作对象是一个表,而连接运算需要对两个表进行操作。如果需要连接两个以上的表,应当两两进行连接。在对关系数据库进行查询时,可以利用关系的选择、投影和连接运算得到新的关系。

1.3　数据库设计基础

　　只有采用较好的数据库设计方案,才能迅速、高效地创建一个设计完善的数据库,为访问所需信息提供方便。

1.3.1　数据库的设计原则

为了合理地组织数据,数据库的设计应该遵循以下原则。

1. 数据库的设计应遵循概念单一化的"一事一地"原则

一个表描述一个实体或实体间的联系,要避免设计大而杂的表。

例如,学生信息应保存到"学生信息"表中,学生的选课成绩信息应保存到"选课信息"表中,不要把学生所有的信息放到同一张表中。

2. 避免在表与表之间出现重复字段

除了保证表中有反映与其他表之间存在联系的外部关键字之外,应尽量避免在表与表之间出现重复的字段。这样可减少数据冗余,避免在修改数据时造成不一致。

例如,在"学生信息"表中有学生"姓名"字段,在"选课信息"表中就不应再有学生"姓名"字段,需要时可通过两个表中的"学号"字段连接找到。

3. 表中的字段必须是原始数据和基本元素

表中不应该包括通过计算机可以得到的"二次数据"或多项数据的组合。例如,"学生信息"表中可以有"出生日期"字段,而不应包括"年龄"字段。因为"年龄"是变化的,"出生日期"才是原始数据。

4. 用外部关键字保证相关联表之间的联系

表与表之间的关联依靠外部关键字来维系,表中不仅存储了所需要的实体信息,还可以通过外部关键字来反映实体之间客观存在的联系,只有这样,才可以最终设计出满足应用需求的实体关系模型。

1.3.2 数据库的设计过程

数据库的设计过程如图 1.12 所示。

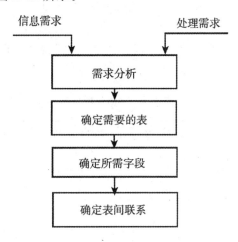

图 1.12 数据库的设计过程

数据库设计过程分为以下几个阶段。

1. 需求分析

① 信息需求。用户要从数据库获得的信息内容。

② 处理需求。需要对数据完成什么处理功能及处理的方式。

③ 安全性和完整性要求。在定义信息需求和处理需求时要相应确定安全性和完整性约束。

2. 确定需要的表

① 对收集到的数据进行抽象。

② 分析数据库的要求。

③ 得到数据库所需要的表。

3. 确定所需字段

① 每个字段直接和表的实体相关。

② 以最小的逻辑单位存储信息,表中的数据必须是基本数据元素。

③ 表中的字段必须是原始数据。

④ 确定主关键字字段。

4. 确定表间联系

常见的表间联系有一对多、多对多和一对一。

5. 设计求精

① 检查是否忘掉了字段,是否有需要的信息没包含进去。

② 检查表中是否有大量不属于某实体的字段。

③ 检查是否在某个表中重复输入同样的信息。
④ 检查是否为每个表选择了必要的关键字。
⑤ 检查是否有字段很多而记录很少的表,而且许多记录中的字段值为空。

下面将按照以上设计步骤和原则,以"学籍管理"数据库为例,介绍在 Access 中设计数据库的过程。

【例 1.1】 设计"学籍管理"数据库,包括"学生信息"表、"课程信息"表及"选课信息"表。学籍管理信息如表 1.2 所示。

表 1.2 学籍管理信息

学号	姓名	课程编号	课程名称	学时	考试成绩
20011001	王希	101	高等数学	6	67.5
20011002	王冠	201	计算机原理	4	88
…	…	…	…	…	…

(1) 需求分析

需求分析包括三方面的内容:信息需求、处理需求,以及安全性和完整性需求。建立"学籍管理"数据库的目的是为了更好地对教学信息进行组织和管理,主要任务应包括学生信息管理、课程信息管理和选课信息管理。

(2) 确定需要的表

表是关系数据库的基本信息结构,确定数据库中应包含的表和表的结构往往是数据库设计中最重要也是最难处理的问题,因此应合理地设计数据库中所包含的表,其基本原则如下。

① 每个表中只包含一个主题信息。

每个表中只包含一个主题信息,才可以更好地、独立地维护主题信息。例如,将学生信息、课程信息和选课信息分别保存,在删除某一条信息时,就不会影响其他数据表中的信息。若将学生信息和课程信息放在一个表中,当某个学生只选修一门课程时,删除这门课程就可能将该学生信息一起删除,这显然不符合要求。

② 表中不包含重复信息,信息不在表间复制。

如果每条信息只保存在一个表中,那么只需要在一处进行更新,不仅提高了效率,还消除了包含不同信息重复项的可能性。

针对表 1.2 中的学籍管理信息,通过分析,可以将这些信息分为三类:一是学生信息,包括学号、姓名等;二是课程信息,包括课程编号、课程名称等;三是选课信息,包括成绩等。如果将所有信息放在同一个表中,必然会出现大量重复,不符合信息分类的原则。因此,应将"学籍管理"数据分为三类,并分别存放在"学生信息"表、"课程信息"表及"选课信息"表三个表中。

(3) 确定所需字段

确定关系时,注意每个字段直接和表的实体相关;以最小的逻辑单位存储信息;表中的字段必须是原始数据和确定主关键字字段。

根据字段命名原则,确定"学籍管理"数据库中包含的表的字段如表 1.3 所示。

表 1.3 "学籍管理"数据库中的表

"学生信息"表	"课程信息"表	"选课信息"表	"院系"表
学号	课程编号	学号	院系号
姓名	课程名称	课程编号	院系名称
性别	课程类别	成绩	
出生日期	学分		
院系号			
入校时间			
党员否			
简历			
照片			

Access 利用主关键字唯一标识每条记录,并联系数据库中的各个表的数据。主关键字可以是一个字段或多个字段的组合,主关键字字段中不允许出现重复值或者空值(Null)。

在"学籍管理"数据库中,四个表都要设计主关键字。"学生信息"表的主关键字是"学号","课程信息"表的主关键字是"课程编号","选课信息"表的主关键字是"学号"和"课程编号"的组合,"院系"表的主关键字是"院系号"。

(4) 确定表间联系

常见的表间联系有一对多、多对多和一对一。

在多对多联系中,表 A 的一条记录在表 B 中可对应多条记录,而表 B 的一条记录在表 A 中也可以对应多条记录。为了避免重复存储,又要保持多对多联系,需要改变数据库的设计,创建第三个表。把多对多的联系分解成两个一对多的联系。所创建的表 C 包含表 A 和表 B 的主关键字,在两表之间起着纽带作用,称之为"纽带表"。

例如,在"学籍管理"数据库中,"学生信息"表和"课程信息"表之间存在着多对多的联系。需要创建一个纽带表——"选课信息"表,把"学生信息"表和"课程信息"表的主关键字"学号"和"课程编号"都放在"选课信息"表中。"学生信息"表和"课程信息"表的多对多的联系由两个一对多联系代替:"学生信息"表和"选课信息"表是一对多联系,"课程信息"表和"选课信息"表也是一对多联系,这三个表的联系如图 1.13 所示。

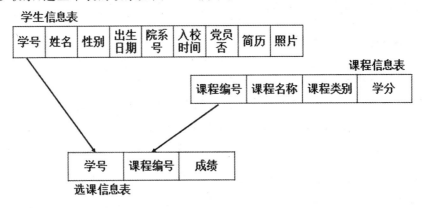

图 1.13 分解多对多联系

在"学籍管理"数据库中,四个表之间的联系如图1.14所示。

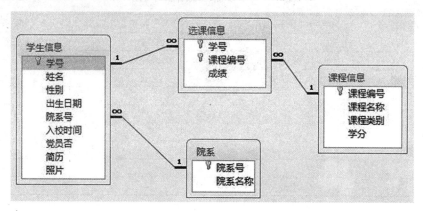

图1.14 "学籍管理"数据库中表与表之间的关系

在设计完所需的表、字段和表与表之间的联系后,就可以向表中添加记录,还可以新建其他数据库对象,如查询、窗体、报表等。

(5) 设计求精

接下来应该再次研究一下设计方案,检查可能存在的缺陷和需要改进的地方,要检查的内容包括是否遗忘了字段,是否包括重复信息,是否设置了正确的主关键字等。如果不能满足要求,则要返回到前面一个或几个阶段进行调整和修改。

1.4 Access 系统简介

Access 是一种关系型数据库管理系统,是 Office 办公套装软件中的组成部分。Access 自 20 世纪 90 年代初期推出以来,以其功能强大、易学易用、界面友好等特点备受世人瞩目。本教材选用 Access 2010 系统版为教学背景。

1.4.1 Access 2010 主界面

1. Access 2010 系统的启动

顺序执行"开始"菜单下的"所有程序"下的"Microsoft Office"下的"Microsoft Access 2010"命令,即可启动并进入 Access 2010 系统。Access 2010 的初始界面如图 1.15 所示。

图 1.15 Access 2010 的初始界面

在创建一个空数据库或打开一个数据库后,就进入了 Access 2010 的主窗口,如图 1.16 所示。

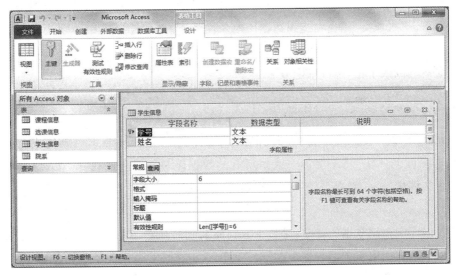

图 1.16 Access 2010 的主窗口

2. Access 2010 系统的用户界面

Access 2010 的用户界面由三部分组成,分别是 BackStage 视图、功能区和导航窗格。这三部分构建了用户创建和使用数据库的基本环境。

(1) BackStage 视图

BackStage 视图是 Access 2010 中新增的功能。在打开 Access 2010 但未打开数据库时所看到的窗口就是 BackStage 视图,如图 1.15 所示。

BackStage 视图包含了多个选项卡,提供了创建、打开、维护数据库的功能,还包含适用于整个数据库文件的其他命令和信息。

(2) 功能区

功能区位于 Access 2010 主窗口的位置顶部,如图 1.16 所示。功能区取代了 Access 2007 之前版本中的菜单和工具栏的主要功能,由多个选项卡组成,每个选项卡上有多个按钮组。

Access 2010 的功能区含有:

① 将相关常用命令分组在一起的主选项卡,包括"文件"、"开始"、"创建"、"外部数据"、"数据库工具"等。

② 只在使用时才出现的上下文选项卡,例如,如图 1.16 所示的"设计"选项卡。

③ 快速访问工具栏,这是可以自定义的小工具栏,可将常用的命令放入其中。

(3) 导航窗格

导航窗格在 Access 2010 主窗口的左侧,如图 1.16 所示。导航窗格可组织归类数据库对象,是打开或更改数据库对象设计的主要方式。导航窗格取代了 Access 2007 之前版本中的数据库窗口。

导航窗格按类别和组进行组织。可以从多种组织选项中进行选择,还可以在导航窗格中创建自定义组织方案。默认情况下,新数据库使用"对象类型"类别,该类别包含对应于各种数据库对象的组。"对象类型"类别组织数据库对象的方式,与早期版本中的默认"数据库窗口"显示屏相似。

导航窗格可以最小化,也可以隐藏。

1.4.2 Access 数据库的系统结构

Access 2010 数据库系统由表、查询、窗体、报表、宏、模块六种基本对象构成。最简单的 Access 数据库可以只有一个对象——表。所有的数据库对象都存储在一个以 .accdb 为扩展名的数据库文件中。

1. 表

表是数据库中存储数据的对象,是整个数据库系统的基础。查询、窗体、报表、宏和模块等数据库对象都是在使用表中的数据。Access 允许一个数据库中包含多个表,用户可以在不同的表中存储不同类型的数据。通过在表与表之间建立关系,可以将不同表中的数据联系起来,以便用户使用。

在 Access 中可以用表向导、表设计视图等方法创建表。使用表设计视图创建表结构的工作窗口如图 1.17 所示;用于直接编辑、添加、删除表中数据的工作窗口如图 1.18 所示,称为"数据表视图"。

本书第 2 章将详细讲解有关表的知识。

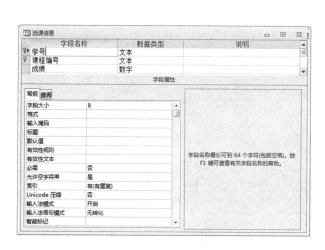

图 1.17　表设计视图　　　　　　　　图 1.18　数据表视图

2. 查询

查询是数据库设计目的的体现。查询是用户希望查看表中的某些数据，按照一定的条件或准则从一个或多个表中筛选出所需要的数据，形成一个新的数据集。

"查询"是一个"虚表"，是以表为数据源的。它不仅可以作为表加工处理后的结果，还可以作为数据库其他对象的数据来源。在 Access 中，可以利用查询向导、查询设计视图及 SQL 语句创建查询。图 1.19 所示为使用查询设计视图创建查询。

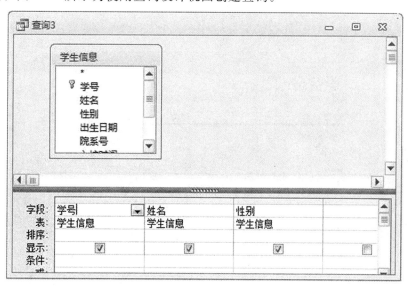

图 1.19　查询设计视图

本书第 3 章将详细讲解有关查询的知识。

3. 窗体

窗体是 Access 数据库对象中最具灵活性的一种对象，它提供了一种可方便浏览、输入及更改数据库的窗口，普通的数据、图片、图形、声音和视频等不同的数据类型都可以包含在窗体中。Access 提供了可视化的设计视图界面来设计窗体。图 1.20 所示为窗体的设计视图。

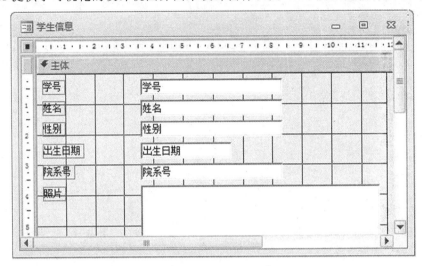

图 1.20　窗体设计视图

本书第 4 章将详细讲解有关窗体的知识。

4．报表

报表用于提供数据的打印格式，报表中的数据可以来自表、查询或 SQL 语句。报表可以将数据库中的数据进行分析、处理的结果打印输出，也可以对要输出的数据完成分类小计、分组汇总等，使用报表可以将数据处理结果多样化。

图 1.21 所示报表输出格式的预览窗口。

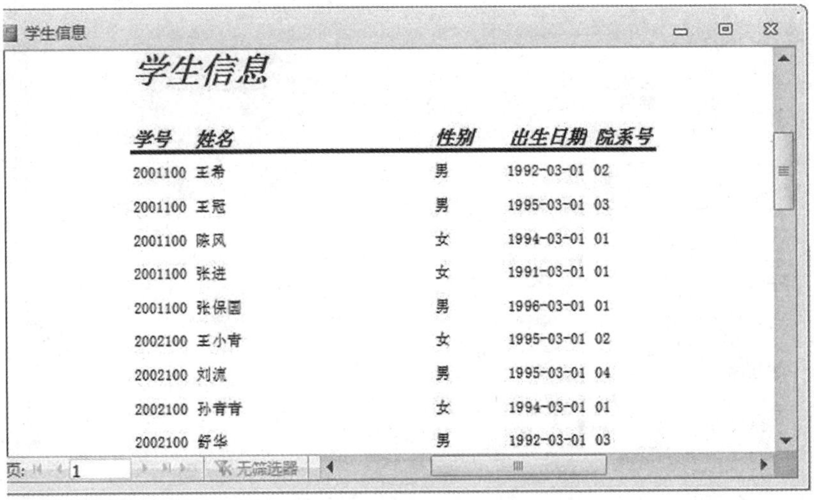

图 1.21　报表的预览窗口

本书第 5 章将详细讲解有关报表的知识。

5．宏

宏是指一个或多个操作的集合，其中每个操作实现特定的功能。例如，打开窗体或报表、保存修改、关闭表等。在日常工作中,用户经常需要重复大量的操作,利用宏可以简化这些操作,使大量的重复性操作自动完成,从而使管理和维护 Access 数据库更加简单。

本书第6章将详细讲解有关宏的知识。

6. 模块

模块是 VBA 声明和过程的集合。使用 VBA,可以通过编程扩展 Access 应用程序的功能。

本书第7章将详细讲解有关模块的知识。

本 章 小 结

本章的知识点主要集中在数据库系统的相关概念、数据模型、实体间联系、关系运算等方面,这些知识是经常要考的内容,大家对这些知识要重点掌握。

真 题 演 练

(1) 学校图书馆规定,一名旁听生一次只能借一本书,一名在校生一次可以借5本书,一名教师一次可以借10本书,在这种情况下,读者与图书之间形成了借阅关系,这种借阅关系是(   )。(2010年9月)

　　A. 一对一联系　　　B. 一对五联系　　　C. 一对十联系　　　D. 一对多联系

【答案】D

【解析】在本题情况下,一个读者可以与多本图书相关,所以应为一对多关系。

(2) 下列关于关系数据库中数据表的描述,正确的是(   )。(2010年3月)

A. 数据表相互之间存在联系,但用独立的文件名保存

B. 数据表相互之间存在联系,是用表名表示相互间的联系的

C. 数据表相互之间不存在联系,完全独立

D. 数据表既相对独立,又相互联系

【答案】D

【解析】在关系数据库中,每个表都是数据库中一个独立的部分,但是每个表又不是完全孤立的,表与表之间存在相互的联系,可以通过一个共同的字段联系在一起。

(3) 在学生表中要查找所有年龄大于30岁姓王的男同学,应该采用的关系运算是(   )。(2011年3月)

　　A. 选择　　　　　　B. 投影　　　　　　C. 连接　　　　　　D. 自然连接

【答案】A

【解析】关系运算有选择、投影、连接。选择是从关系中找出满足给定条件的元组的操作。投影是从关系模式中指定若干属性组成新的关系。连接是将两个关系模式拼接成一个更宽的关系模式,生成的新关系中包含满足连接条件的元组。自然连接是在连接运算中,按照字段值

19

对应相等为条件进行的连接操作称为等值连接,自然连接是去掉重复属性的等值连接。本题中要查找所有年龄大于 30 岁姓王的男同学,即选择满足条件的元组。

(4) Access 数据库的结构层次是( )。(2009 年 9 月)
A. 数据库管理系统→应用程序→表　　B. 数据库→数据表→记录→字段
C. 数据表→记录→数据项→数据　　　D. 数据表→记录→字段

【答案】B

【解析】在 Access 数据库中,数据库是一个关于特定主题或用途的信息的集合,数据库使用表来存储数据,表中的数据单位是记录,记录的数据结构由字段定义。

巩 固 练 习

(1) 按数据的组织形式,数据库的数据模型可分为三种模型,他们是( )。
A. 小型、中型和大型　　　　　　　B. 网状、环状和链状
C. 层次、网状和关系　　　　　　　D. 独享、共享和实时

(2) 在 Access 数据库对象中,体现数据库设计目的的对象是( )。
A. 报表　　　B. 模块　　　C. 查询　　　D. 表

(3) 在关系数据库中,关系是指( )。
A. 各条记录之间有一定关系　　　　B. 各个字段之间有一定关系
C. 各个表之间有一定的关系　　　　D. 满足一定条件的二维表

(4) Access 数据库对象中,实际存放数据的对象是( )。
A. 表　　　B. 查询　　　C. 报表　　　D. 窗体

(5) 下列关于数据库特点的叙述中,错误的是( )。
A. 数据库减少了数据的冗余
B. 数据库中的数据独立性强
C. 数据库中数据一致性指数据类型一致
D. 数据库中的数据可以统一管理和控制

(6) 数据库的基本特点是( )。
A. 数据可以共享,数据冗余大,数据独立性高,统一管理和控制
B. 数据可以共享,数据冗余小,数据独立性高,统一管理和控制
C. 数据可以共享,数据冗余小,数据独立性低,统一管理和控制
D. 数据可以共享,数据冗余大,数据独立性低,统一管理和控制

(7) 在一个教师表中要找出全部属于计算机学院的教授组成一个新表,应该使用关系运算是( )。
A. 选择运算　　　　　　　　　　　B. 查询运算
C. 投影运算　　　　　　　　　　　D. 联接运算

第2章 数据库和表

在 Access 数据库管理系统中，数据的组织、存储和管理是通过数据库和表实现的。本章将介绍数据库和表的基本操作方法，包括如何设计和创建数据库、如何建立表、编辑表和维护表等内容。

2.1 数据库的基本操作

2.1.1 创建数据库

Access 2010 提供了两种创建数据库的方法：第一种是先创建一个空数据库；第二种是利用数据库模板创建数据库。创建数据库后，会生成一个扩展名为.accdb 的数据库文件。

1. 创建空数据库

在实际应用中，经常通过 Access 创建一个空数据库，然后根据实际情况设计相关的数据表及表中的字段。

【例 2.1】 创建"学籍管理"数据库并保存在计算机 D 盘的根目录下。

具体操作步骤如下。

（1）启动 Access 2010，在 Access 的初始界面中，单击"文件"选项卡。在左侧的窗格中选择"新建"命令，在可用模板中单击"空数据库"选项，如图 2.1 所示。

图 2.1 创建空数据库

（2）在右侧"空数据库"窗格中，单击浏览按钮，弹出"文件新建数据库"对话框。将路径定位到 D 盘，在文件名文本框中输入"学籍管理.accdb"，如图 2.2 所示。

图 2.2　"文件新建数据库"对话框

（3）单击"确定"按钮，返回 Access 初始界面。再单击"创建"按钮，即可成功创建数据库。此时，自动创建了一个数据表"表 1"，该表以数据表视图方式打开，如图 2.3 所示。

图 2.3　以数据表视图方式打开"表 1"

2．利用数据库模板创建数据库

Access 提供了许多可选择的数据库模板，如"教职员"、"任务"、"事件"、"销售渠道"、"学生"、"营销项目"等，通过这些模板可以方便快速地创建基于模板的数据库。

【**例 2.2**】　利用"教职员"模板来创建"教职员工"数据库。

具体操作步骤如下。

（1）启动 Access 2010，在 Access 的初始界面中，单击"文件"选项卡。在左侧的窗格中选择"新建"命令，在可用模板中单击"样本模板"选项，如图 2.4 所示。

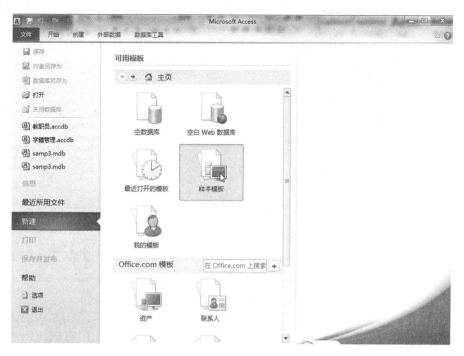

图 2.4　单击"样本模板"

（2）在列出的"可用模板"中，选择"教职员"模板，如图 2.5 所示。在右侧单击浏览按钮，弹出"文件新建数据库"对话框，将路径定位到 D 盘，在文件名文本框中输入"教职员工.accdb"，如图 2.6 所示。

图 2.5　可用模板列表

图 2.6 "文件新建数据库"对话框

（3）单击"确定"按钮，返回 Access 初始界面，再单击"创建"按钮，即可成功创建数据库。单击左侧的导航窗格按钮，或单击导航窗格按钮上方的"百叶窗开/关"按钮 » ，可以看到数据库中包含的各类对象，如图 2.7 所示。单击左侧的"教职员导航"栏，在下拉列表中选择"浏览类型"为"对象类型"，导航窗格就会按对象类型分类，"教职员工"数据库中的表、查询、窗体、报表等数据库对象，如图 2.8 所示。

图 2.7 "教职员工"数据库　　　　　　　图 2.8 按对象类型分类

2.1.2 打开和关闭数据库

1. 打开数据库

打开数据库的方法主要有两种，第一种方法是启动 Access 后，单击"文件"选项卡，在左侧窗格中选择"打开"命令，如图 2.9 所示。在弹出的"打开"对话框中，找到要打开的数据库名单击即可；第二种方法是启动 Access 后，单击"文件"选项卡，在左侧窗格中选择"最近所用文件"命令，如图 2.10 所示。在右侧的"最近使用的数据库"列表中，找到要打开的数据库名单击即可。

图 2.9　选择"打开"命令

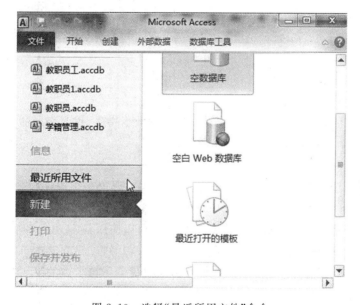

图 2.10　选择"最近所用文件"命令

2. 关闭数据库

可使用下列四种方法关闭数据库。

① 单击"数据库"窗口标题栏右侧的 按钮。

② 单击"文件"选项卡,选择"关闭数据库"命令。

③ 单击"数据库"窗口左上角的"控制"菜单图标 ,从弹出的菜单中选择"关闭"命令。

④ 双击"数据库"窗口左上角的"控制"菜单图标 。

2.2 建 立 表

表是 Access 数据库的基础,用于存放数据。其他数据库对象,如查询、窗体、报表等都是在表的基础上建立并使用的。因此,表在数据库中占有很重要的位置。在建好空数据库之后,就是要创建相应的表。

本节主要以创建"学籍管理"数据库中的"学生信息"表、"课程信息"表、"选课信息"表、"院系"表为例,重点分析创建表及设置表的字段属性等内容。

2.2.1 表的组成

Access 表由表结构与表内容两部分组成。表结构主要包括字段名称、数据类型和字段属性,建立表结构之后,才可以向表中输入具体数据。Access 允许在一个数据库中建立多个表。

1. 字段名称

每个字段应具有唯一的名字,称为字段名称。在 Access 中,字段名称的命名规则如下。

① 长度为 1~64 个字符。

② 可以包含字母、汉字、数字、空格和其他字符(除句号、感叹号、方括号及单引号之外),但不能以空格开头。

③ 不能使用 ASCII 码为 0~32 的 ASCII 字符。

2. 数据类型

在关系数据库的表中,同一列的数据具有相同的数据特质,称为字段的数据类型。Access 2010 提供以下 12 种数据类型。

(1) 文本

文本型字段用于保存文本或数字。例如,学生姓名、课程名称等字段常被设置为文本型。设置字段的"字段大小"属性可以控制能输入的字符最大个数。默认文本型字段大小为 50,最多可以取到 255 个字符。如果取值字符超过了 255,可以使用备注型。

(2) 备注

备注型字段可用于保存较长的文本,允许存储的最多字符个数为 65 535 个字符。例如,简历字段常被设置为备注型。

(3) 数字

数字型字段用来存储进行算术运算的数字数据。在 Access 中选择了数字数据类型后,可以将"字段大小"属性进一步设置为字节、整型、长整型、单精度型、双精度型、小数类型等。例如,学分、成绩等字段常被设置为数字型。

(4) 日期/时间

日期/时间型字段用来存储日期、时间或日期与时间的组合,字段长度为 8 个字节。例如,出生日期字段常被设置为日期/时间型。

(5) 货币

货币型字段是数字型的特殊类型,等价于具有双精度属性的数字型。向货币型字段中输入数据时,系统会自动添加货币符号和千位分隔符。货币型字段长度为 8 个字节。

(6) 自动编号

自动编号类型比较特殊,Access 会为该字段自动插入唯一顺序号。自动编号型一旦被指定,就会永久与记录连接,即使删除了表中含有自动编号型字段的一条记录,Access 也不会对表中的自动编号型字段重新编号。注意,自动编号型字段的数值是不能修改的,每个表中最多只能建立一个自动编号型的字段。自动编号型字段长度为 4 个字节。

(7) 是/否

是/否类型又常称为布尔型或逻辑型,是针对只包含两种不同取值的字段而设置的,字段长度为一个字节。是/否类型的数据可以取值为 True/False、Yes/No、On/Off 等。在 Access 中,使用"-1"表示"是"值,使用"0"表示"否"值。例如,"党员否"字段常被设置为是/否型。

(8) OLE 对象

OLE 对象型是指字段允许单独地链接或嵌入 OLE 对象,如 Word 文档、Excel 表格、图像、声音或其他二进制数据。OLE 对象字段最大容量可为 1GB。例如,照片字段常被设置为 OLE 对象型。

(9) 超级链接

超级链接型的字段是用文本形式来保存超链接的地址,用来链接到文件、Web 页、电子邮件地址、本数据库对象等。当单击一个超链接时,会打开链接地址指向的目标。

(10) 附件

附件字段可将多个文件(如图像、电子表格文件、文档、图表及其他类型的受支持文件)附加到记录中,类似于将文件附加到电子邮件中。

(11) 计算

计算类型用于显示计算结果,计算时必须引用同一个表中的其他字段。可以使用表达式生成器来创建计算。

(12) 查阅向导

查阅向导是一种比较特殊的数据类型。使用查阅向导类型可以通过从一个列表中选择所需要的数据,不需要手工输入。例如,性别字段可以使用查阅向导设置为"男"或"女"两个固定值供用户选择。

3. 字段属性

① 字段大小:限定文本型字段的大小(默认为 50 个字符)和数字型数据的大小。

② 格式:指定数据的显示格式。

③ 输入掩码:定义向字段中输入数据时的格式。

④ 标题:在数据表视图、窗体和报表中取代字段名显示出来的文本。

⑤ 默认值:添加新记录时,自动加入到字段中的值。

⑥ 有效性规则:根据表达式或宏建立的规则来确认数据是否有效。

⑦ 有效性文本:当数据不符合有效性规则时所显示的信息。

⑧ 必需:设定字段是否能为空。

⑨ 允许空字符串:用于文本型字段,设置是否允许输入空字符串(长度为 0)。

⑩ 索引:确定该字段是否作为索引,索引可以加快数据的查询与存取速度。

2.2.2 建立表结构

创建表的方法主要有三种,包括使用表设计视图、向导和通过输入数据创建表。无论何种方法都需要创建表的名称和表的结构(字段名、数据类型、字段宽度、主关键字和索引等字段属性等)。

1. 使用表设计视图创建表

使用表设计视图创建表是一种最常用的方法,用户可在设计视图中定义表结构,并详细说明每个字段的字段名和所使用的数据类型。

【例 2.3】 在"学籍管理"数据库中建立"学生信息"表,其结构如表 2.1 所示。

表 2.1 学生信息

编号	字段名称	数据类型	字段大小	编号	字段名称	数据类型	字段大小
1	学号	文本	8	6	入校时间	日期/时间	短日期
2	姓名	文本	10	7	党员否	是/否	是/否
3	性别	文本	1	8	简历	备注	
4	出生日期	日期/时间	短日期	9	照片	OLE 对象	
5	院系号	文本	2				

具体操作步骤如下。

(1) 打开例 2.1 创建的"学籍管理"数据库。单击"创建"选项卡,单击"表格"组中的"表设计"按钮,打开表设计视图窗口,如图 2.11 所示。

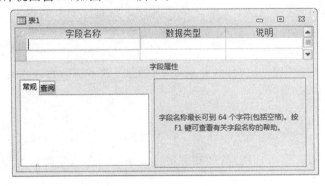

图 2.11 表设计视图窗口

表设计视图窗口分为上下两个部分。上半部分是字段输入区,用于添加表中的字段,包括最左侧的"字段选定器"及"字段名称"、"数据类型"和"说明"三列。"字段选定器"用于选择字段;"字段名称"列用来输入字段的名称;"数据类型"列用来选择字段的数据类型;"说明"列可以对字段进行说明,以便以后修改表时能知道当时为什么设计这些字段。注意,在 Access 中,说明列的信息对系统的各种操作没有任何影响。窗口下半部分是字段属性区,用来定义表中字段的属性。

(2) 单击表设计视图的第一行"字段名称"列,输入"学生信息"表的第一个字段名称"学号";单击"数据类型"列,并打开其右侧的下拉列表,选择列表中的"文本"数据类型。

(3) 重复步骤(2),直至完成表中所有字段的设置。

(4) 单击"学号"字段的字段选定器,然后单击"设计"选项卡,再单击"工具"组中的"主键"

按钮，完成主键的设置。表设计完成后的结构如图 2.12 所示。

学生信息	
字段名称	数据类型
学号	文本
姓名	文本
性别	文本
出生日期	日期/时间
院系号	文本
入校时间	日期/时间
党员否	是/否
简历	备注
照片	OLE 对象

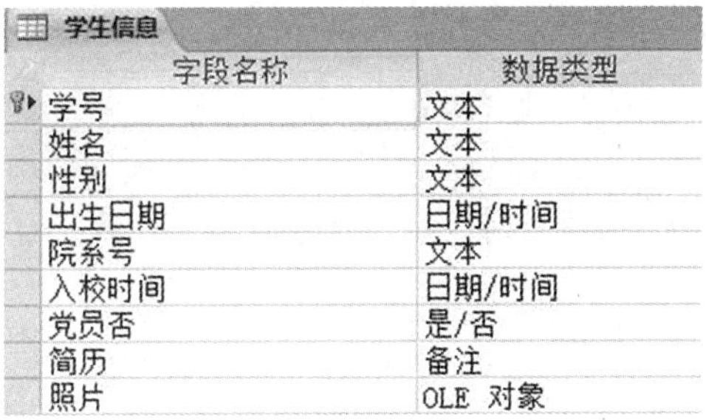

图 2.12　“学生信息”表设计结构

（5）单击快速访问工具栏上的“保存”按钮，在弹出的“另存为”对话框中输入表名“学生信息”，单击“确定”按钮，至此，完成“学生信息”表结构的创建。

2. 使用数据表视图创建表

数据表视图是按行和列显示表中数据的视图。在数据表视图中，可以进行对表中字段或记录的添加、编辑和删除操作。

【例 2.4】　使用数据表视图创建“课程信息”表，其结构如表 2.2 所示。

表 2.2　课程信息表结构

编号	字段名称	数据类型	长度
1	课程编号	文本	4
2	课程名称	文本	30
3	课程类别	文本	3
4	学分	数字	2

具体操作步骤如下。

（1）打开例 2.1 创建的“学籍管理”数据库。单击“创建”选项卡，单击“表格”组中的“表”按钮，此时新表“表 1”会以数据表视图打开。

（2）选中“ID”字段，单击“表格工具/字段”选项卡，单击“属性”组中的“名称和标题”按钮，弹出“输入字段属性”对话框。

（3）在“输入字段属性”对话框的“名称”文本框中输入“课程编号”，如图 2.13 所示。单击“确定”按钮，第一列字段名更改为“课程编号”。

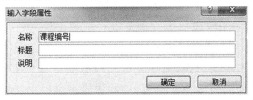

图 2.13　“输入字段属性”对话框

（4）选中“课程编号”字段，单击“表格工具/字段”选项卡，单击“格式”组中的“数据类型”文本框右侧的下拉箭头按钮，在下拉列表中选择“文本”选项；单击“属性”组中的“字段大小”文本框,输入字段大小值为"4",如图 2.14 所示。

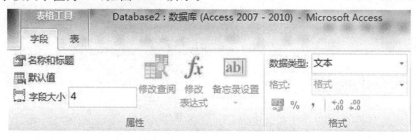

图 2.14　设置字段名称及字段属性

（5）单击"课程编号"字段名称右侧的"单击以添加"列,从下拉列表中选择"文本"选项。在新添加的"字段 1"列的表名称处,输入"课程名称"。单击"属性"组中的"字段大小"文本框,输入字段大小值为"30"。

（6）按照表 2.2 给出的"课程信息"表的结构,继续添加"课程类别"和"学分"字段。保存表并命名为"课程信息",如图 2.15 所示。

图 2.15　在数据表视图中建立"课程信息"表结构

注意：以数据表视图新建表时,自动创建的"ID"字段默认为"自动编号"数据类型。

通过数据表视图创建表的方法比较简单,但无法对字段的属性值进行详细设置。一般通过数据表视图创建的表结构还需要在表设计视图中修改。

3. 定义主键

主键也称为主关键字,是表中能够唯一标识记录的一个字段或多个字段的组合。主键是数据库中表间关系建立的基础。

在 Access 中,可以定义三种类型的主键,即自动编号、单字段和多字段。

① 自动编号主键的特点：当向表中增加一条新记录时,主键字段值会自动加 1,如果在保存新建表之前未设置主键,Access 则会询问是否要创建主键,如果回答"是",Access 将创建自动编号型的主键。

② 单字段主键是以某一个字段作为主键来唯一标识记录。

③ 多字段主键是由两个或更多字段组合在一起来唯一标识表中的记录。如果表中没有一个字段的值可以唯一标识一条记录,那么就可以考虑选择多个字段组合在一起作为主键。

多字段主键的字段出现的顺序非常重要,应在表设计视图中排好序。

2.2.3　设置字段属性

字段属性用来设置字段所具有的特性,可定义数据的保存、处理或显示方式。

1. 字段大小

通过字段大小属性可以控制字段占用的空间大小,该属性只适用于数据类型为文本型或数字型的字段。

① 对于一个文本型字段,其字段大小的取值范围是 0~255,默认值为 255,可以在该属性框中输入取值范围内的整数。

② 对于一个数字型字段,可以单击"字段大小"属性文本框,然后单击右侧下三角按钮,并从下拉列表中选择一种类型。

"字段大小"属性在表"设计视图"中的"常规选项卡"中设置,如图 2.16 所示。

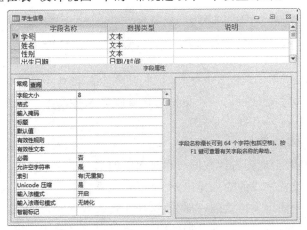

图 2.16 设置"字段大小"属性

注意:在改变字段大小时要非常注意。比如说,如果文本字段中已经有数据,那么减小字段大小会丢失数据,会截去超出长度的字符。

2. 格式

格式属性用来决定数据的打印方式和屏幕的显示方式。不同数据类型的字段,其格式选择有所不同。例如,可以将"出生日期"字段的显示格式设置为"××××年××月××日"。

对于文本型或者备注型字段,可以用以下四种格式符号来控制输入数据的格式。

① @:输入字符为文本或空格。

② &:不要求文本字符。

③ <:输入的所有字母变为小写(放在格式开始)。

④ >:输入的所有字母变为大写(放在格式开始)。

【例 2.5】 将"学生信息"表中的"姓名"字段的字段大小设置为"10","出生日期"字段设置为"短日期"。

具体操作步骤如下。

(1) 打开"学籍管理"数据库,鼠标右键单击"学生信息"表,选择"设计视图"命令。

(2) 选择"姓名"字段,在"字段大小"属性框中输入"10",如图 2.17 所示。

(3) 选择"出生日期"字段,单击"格式"属性框。然后再单击右侧向下箭头按钮,从下拉列表中选择"短日期"格式,如图 2.18 所示。

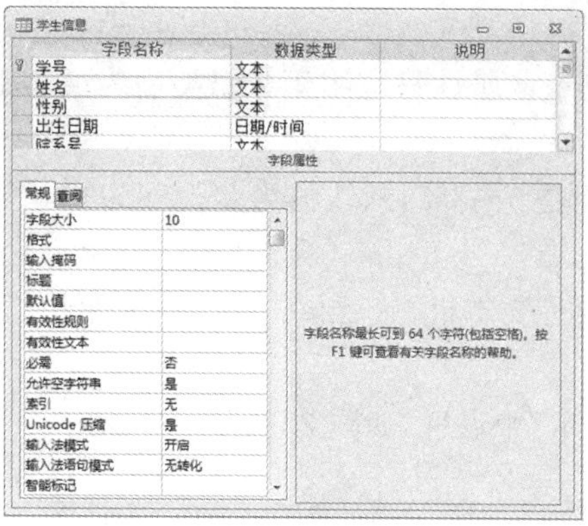

图 2.17　设置"姓名"字段的"字段大小"属性 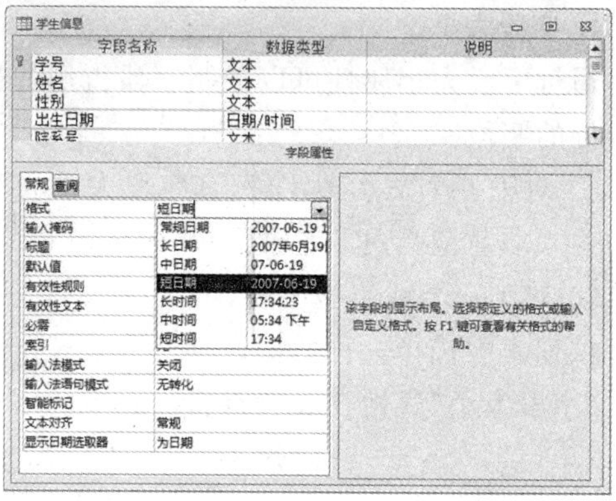　　　图 2.18　设置"出生日期"字段的"格式"属性

注意：格式属性只影响数据的显示格式，并不影响其在表中存储的内容，而且显示格式在输入的数据被保存以后才能使用。如果要控制数据的输入格式并且按照输入时的格式显示，则应该设置字段的输入掩码属性。

3. 输入掩码

在输入数据时，经常会遇到有些数据有相对固定的书写格式。例如，电话号码书写为"010－57300000"。此时，设置字段的输入掩码，就可以避免重复输入固定格式的数据带来的麻烦。它将格式中不变的符号固定成格式的一部分，这样在输入数据时，只需输入变化的值即可。对于文本、数字、日期/时间、货币等数据类型的字段，都可以定义输入掩码。

如果为某字段定义了输入掩码，同时又设置了它的"格式"属性，"格式"属性将在数据显示时优先于输入掩码的设置，这意味着即使已经保存了输入掩码，在数据设置格式显示时，将会忽略输入掩码。

【**例 2.6**】　将"学生信息"表中"出生日期"字段的"输入掩码"属性设置为"长日期（中文）"。

具体操作步骤如下。

（1）打开"学籍管理"数据库，鼠标右键单击"学生信息"表，选择"设计视图"命令。

（2）选择"出生日期"字段，单击"输入掩码"属性框右侧的"生成器"按钮 ，弹出"输入掩码向导"第一个对话框，如图 2.19 所示。

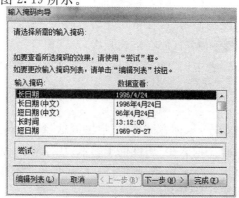

图 2.19　"输入掩码向导"第一个对话框

(3) 在"输入掩码"列表中选择"长日期(中文)"选项。然后单击"下一步"按钮,弹出"输入掩码向导"第二个对话框,如图 2.20 所示。

(4) 单击"下一步"按钮,在打开的"输入掩码向导"最后一个对话框中,单击"完成"按钮,输入掩码设置结果如图 2.21 所示。

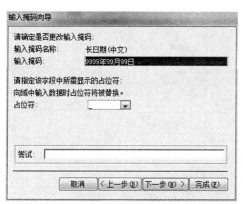

图 2.20 "输入掩码向导"第二个对话框　　图 2.21 出生日期"输入掩码"设置结果

"输入掩码"属性所使用字符的含义如表 2.3 所示。

表 2.3 "输入掩码"属性所使用字符的含义

字符	说明
0	必须输入数字(0~9)
9	可以选择输入数字或空格
#	可以选择输入数字或空格(在"编辑"模式下空格以空白显示,但是在保存数据时将空白删除,允许输入加号或减号)
L	必须输入字母(A~Z,a~z)
?	可以选择输入字母(A~Z,a~z)
A	必须输入字母或数字
a	可以选择输入字母或数字
&	必须输入一个任意的字符或一个空格
C	可以选择输入任意的字符或一个空格
. , ; - /	小数点占位符及千位、日期与时间的分隔符(实际的字符将根据"Windows 控制面板"中"区域设置属性"中的设置而定)
<	将所有字符转换为小写
>	将所有字符转换为大写
!	使输入掩码从右到左显示,而不是从左到右显示。输入掩码中的字符始终都是从左到右填入。可以在输入掩码中的任何地方输入感叹号
\	使接下来的字符以原义字符显示(例如,\A 只显示为 A)

直接使用字符定义输入掩码属性时,可以根据需要将字符组合起来。例如,定义"电话号码"字段的"输入掩码"属性,使其输入格式前四位为"010-",后 8 位为数字。可以在"输入掩码"文本框中输入""010-"00000000"即可。

4. 默认值

在一个数据库中,往往会有一些字段的数据内容相同或包含有相同的部分。为了减少数据的输入量,可以将出现较多的值作为该字段的默认值。

【例 2.7】 将"学生信息"表中"性别"字段的"默认值"属性设置为"男"。

具体操作步骤如下。

(1) 打开"学籍管理"数据库,鼠标右键单击"学生信息"表,选择"设计视图"命令。

(2) 选择"性别"字段,在其"默认值"属性文本框中输入"男",其结果如图 2.22 所示。

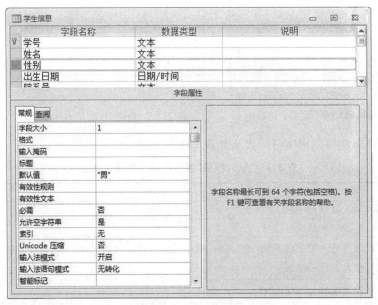

图 2.22 设置"性别"字段"默认值"属性

设置了默认值以后,在插入新记录时,系统会自动将设置的默认值插入到相应的字段中。同时,还可以使用 Access 表达式定义默认值。例如,将"日期/时间"型字段的"默认值"设置为"当前系统日期",可以在该字段的"默认值"属性文本框中输入表达式"Date()"。注意,设置"默认值"属性时,必须与该字段的数据类型相匹配,否则会出现错误。

5. 有效性规则

有效性规则允许对字段定义一条规则,以限制该字段输入数据时可以接受的内容。无论通过哪种方式添加或编辑数据,都将强行实施字段有效性规则,以确保输入数据的合理性并防止非法数据输入。例如,对"性别"字段,只允许输入"男"或者"女"。字段设置有效性规则后,一旦输入的数据不符合规则,系统将会提示出错信息。

【例 2.8】 设置"学生信息"表中"入校时间"字段的"入校月份"必须为"九月","性别"字段只允许输入"男"或者"女"。

具体操作步骤如下。

(1) 打开"学籍管理"数据库,鼠标右键单击"学生信息"表,选择"设计视图"命令。

(2) 单击"入校时间"字段所在行,在"有效性规则"属性文本框中输入表达式"Month([入校时间])=9",如图 2.23 所示。

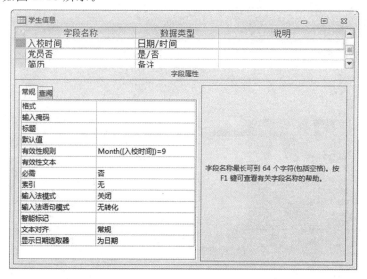

图 2.23　设置"入校时间"字段"有效性规则"属性

(3) 单击"性别"字段,在"有效性规则"属性文本框中输入表达式""男" Or "女"",如图 2.24 所示。

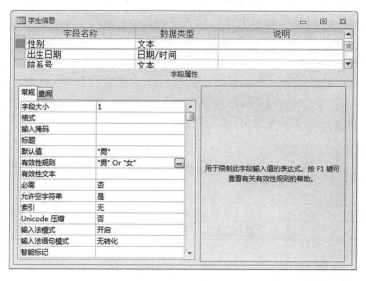

图 2.24　设置"性别"字段"有效性规则"属性

6. 有效性文本

如果希望系统的出错提示信息更加具体,可以在位于"有效性规则"下面的"有效性文本"属性文本框中输入提示信息文本内容,如图 2.25 所示,设置"性别"字段的"有效性文本"为"性别只能为男或者女!"。当输入数据不在限制范围之内时,将会在屏幕上看到系统显示的有效性文本的提示信息。

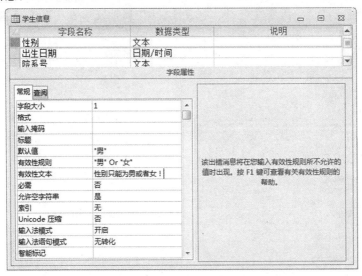

图 2.25　设置"性别"字段"有效性文本"属性

7. 索引

索引能根据键值加速在表中查找和排序,并且能对表中的记录实施唯一性。索引按功能分为唯一索引、普通索引和主索引三种。其中,唯一索引的索引字段值不能相同,即没有重复值。如果为该字段输入重复值,系统会提示操作错误。如果已有重复值的字段要创建索引,则不能创建唯一索引。普通索引的索引字段值可以相同,即有重复值。在 Access 中,同一个表可以创建多个唯一索引,其中一个可设置为主索引,且一个表只有一个主索引。

如果经常需要同时搜索或排序两个或更多的字段,则可创建多字段索引。在使用多个字段索引进行排序时,将首先用定义在索引中的第一个字段进行排序,如果第一个字段有重复值,再用索引中的第二个字段进行排序,依次类推。

字段的"索引"属性有三个选项,如表 2.4 所示。

表 2.4　"索引"属性说明

索引值	说明
无	不建立索引
有(有重复)	建立索引,且字段值可以重复
有(无重复)	建立索引,且字段值不可以重复

2.2.4　数据的输入与导出

1. 在数据表视图中输入数据

使用数据表视图可以很容易地往表中输入数据,就好像在一张纸上的空白表格内填写数字一样简单。

【例 2.9】　向"学生信息"表输入两条记录,内容如表 2.5 所示。(注意,"党员否"字段数据类型为"是/否"型,"照片"字段数据类型为"OLE 对象"型。)

表 2.5 "学生信息"表内容

学号	姓名	性别	出生日期	院系号	入校时间	党员否	简历	照片
20011001	王希	男	1992—03—01	02	2003—09—01	Yes	2001年在北京读大本	
20011002	王冠	男	1995—03—01	03	2005—09—04	No	2001年在北京读大本	

具体操作步骤如下。

(1) 在数据库窗口的"表"对象下双击"学生信息"数据表,即可打开数据表视图。

(2) 在该视图中,从第一条空记录的第一个字段开始分别输入"学号"、"姓名"和"性别"等字段的值,每输入完一个字段值按 Enter 键或 Tab 键转至下一个字段,如图 2.26 所示。

图 2.26 以数据表视图方式输入数据

(3) 添加"照片"字段时,在该字段值处单击鼠标右键,选择快捷菜单中的"插入对象"命令。打开"Microsoft Access"对话框,在该对话框中单击"由文件创建"按钮。单击"浏览"按钮,打开"浏览"对话框。在该对话框的"查找范围"栏中找到 D 盘根目录下的图片文件 1001.bmp。选中图片文件,然后单击"确定"按钮,设置结果如图 2.27 所示。

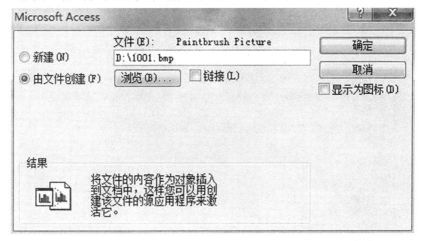

图 2.27 "Microsoft Access"对话框

(4) 输入完全部记录之后,单击快速访问工具栏上的"保存"按钮,保存表中的数据。

2. 创建查阅列表

在输入数据时,有些字段值可能是一组固定数据。例如,"院系"表的"院系名称"字段为"计算机系"、"英语系"、"法律系"、"生物系"四个值,用手工逐一输入比较麻烦,此时可以将这组固定值设置为一个列表,用户直接从列表中选择相应的值,既可以提高输入效率,又可以避免输入错误的数据。

【例 2.10】 为"院系"表的"院系名称"字段创建查阅列表,列表中提供"计算机系"、"英语系"、"法律系"、"生物系"四个值。

具体操作步骤如下。

(1) 使用表设计视图打开"院系"表,选择"院系名称"字段。

(2) 单击字段的"数据类型",在列表中选择"查阅向导",打开"查阅向导"的第一个对话框,单击"自行键入所需的值"单选按钮,如图 2.28 所示。

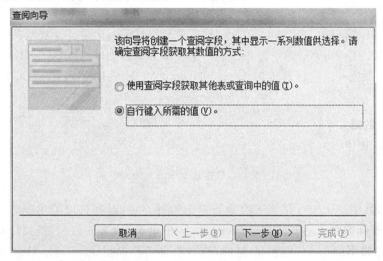

图 2.28 "查阅向导"第一个对话框

(3) 单击"下一步"按钮,打开"查阅向导"的第二个对话框。在"第 1 列"的每行中依次输入"计算机系"、"英语系"、"法律系"、"生物系"四个值,列表设置结果如图 2.29 所示。

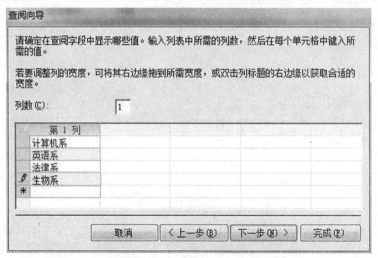

图 2.29 "查阅向导"第二个对话框

(4) 单击"下一步"按钮,弹出"查阅向导"最后一个对话框,单击"完成"按钮。

在设置完毕之后,切换到"院系"表的数据表视图,可以看到"院系名称"字段值的右侧出现了一个向下箭头的按钮。单击该按钮,在弹出的下拉列表中列出了"计算机系"、"英语系"、"法律系"、"生物系"四个值,如图 2.30 所示。

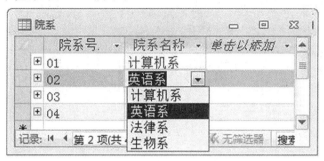

图 2.30　查阅列表字段设置效果

3. 获取外部数据

利用 Access 提供的导入和链接功能可以将一些外部数据直接添加到当前 Access 数据库中,常见的操作有导入 Excel 文件生成数据库表、将 Excel 文件链接到数据库等。

从外部导入数据是指从外部获取数据后形成当前数据库中的表文件。在 Access 中,可以导入的数据包括其他 Access 数据库中的表、Excel 文件、文本文件,以及其他类型文件。导入数据之后,即使外部数据源发生变化,也不会影响已经导入的数据。

【例 2.11】　将 Excel 文件"院系. xls"导入到"学籍管理"数据库中,生成的表文件命名为"院系 1"。

具体操作步骤如下。

(1) 打开"学籍管理"数据库,单击"外部数据"选项卡,单击"导入并链接"组中的"Excel"按钮,弹出"获取外部数据-Excel 电子表格"对话框。

(2) 单击"浏览"按钮,找到 D 盘根目录下的"院系. xls"文件,单击该文件并回到"获取外部数据-Excel 电子表格"对话框。选择"将源数据导入当前数据库的新表中"单选按钮,如图 2.31 所示。

图 2.31　"获取外部数据-Excel 电子表格"对话框

(3) 单击"确定"按钮,打开"导入数据表向导"第一个对话框,该对话框列出了导入的数据内容,如图 2.32 所示。

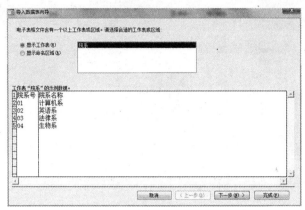

图 2.32 "导入数据表向导"第一个对话框

(4) 单击"下一步"按钮,打开"导入数据表向导"第二个对话框,选中"第一行包含列标题"复选框,如图 2.33 所示。

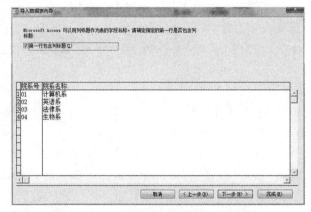

图 2.33 "导入数据表向导"第二个对话框

(5) 单击"下一步"按钮,打开"导入数据表向导"的第三个对话框,如图 2.34 所示。

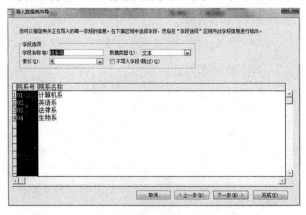

图 2.34 "导入数据表向导"第三个对话框

(6) 单击"下一步"按钮，打开"导入数据表向导"的第四个对话框。单击"我自己选择主键"单选按钮，在后面的组合框中选择"院系号"作为该表的主键，如图 2.35 所示。

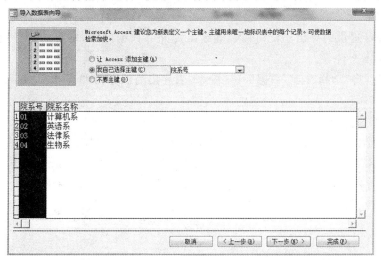

图 2.35 "导入数据表向导"第四个对话框

(7) 单击"下一步"按钮，打开"导入数据表向导"的第五个对话框。在"导入到表"文本框中输入表名"院系 1"，如图 2.36 所示。

图 2.36 "导入数据表向导"第五个对话框

(8) 单击"完成"按钮，数据导入完成。在弹出的"获取外部数据-Excel 电子表格"对话框中，取消选择"保存导入步骤"复选框，单击"关闭"按钮。

链接外部数据的操作过程与导入数据很类似，但要注意这两者的区别。导入表对象的过程是从外部获取数据的过程，一旦完成，这个表就不再与外部数据源存在联系了。而从外部链接数据是指在自己的数据库中形成一个链接表对象，每次在 Access 中操作该对象时，都会即时从外部的数据源获取数据，也就是说，链接的数据表对象将随着外部数据源数据的变动而变动。

如在例 2.11 中,将导入 Excel 文件"院系.xls"修改为链接 Excel 文件"院系.xls",操作方法为:在步骤(2)中,单击"通过创建链接表来链接到数据源"单选按钮,其余步骤类似。

4. 导出数据

利用 Access 提供的导出功能可以将表导出为外部数据对象,常见的操作有导出为 Excel 文件、导出为文本文件等。

【例 2.12】 将"学籍管理"数据库中"院系"表导出后保存为 D 盘根目录下的文本文件,文件名不变。

具体操作步骤如下。

(1) 打开"学籍管理"数据库,在右侧的"导航窗格"中单击"院系"表。单击"外部数据"选项卡,单击"导出"组中的"文本文件"按钮,弹出"导出-文本文件"对话框。单击"浏览"按钮,将存储路径定位到 D 盘根目录下,文件名为"院系.txt"文件。如图 2.37 所示。

图 2.37 "导出-文本文件"对话框

(2) 单击"确定"按钮,打开"导出文本向导"第一个对话框,如图 2.38 所示。

图 2.38 "导出文本向导"第一个对话框

(3) 单击"下一步"按钮,打开"导出文本向导"的第二个对话框。在"请选择字段分隔符"区域内,选择相应的分隔符类型,这里选择默认的"逗号"分隔符。同时,勾选"第一行包含字段名称"复选框,将字段名称作为文本文件的第一行,如图2.39所示。单击"完成"按钮,数据导出完成。

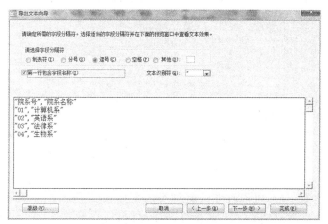

图2.39 "导出文本向导"第二个对话框

5. 创建"计算"类型字段

在Access 2010中,可以创建"计算"数据类型的字段,以显示根据同一表中的其他数据计算而来的值,而其他表中的数据不能用作"计算"类型字段的数据源。

可以使用表达式生成器来创建"计算"数据类型的字段。

【例2.13】 在"选课信息"表中添加"成绩评级"字段,数据类型为"计算"型。如果该表"成绩"字段的值大于等于60分,则"成绩评级"字段为"及格";否则,"成绩评级"字段为"不及格"。

具体操作步骤如下。

(1) 使用表设计视图打开"选课信息"表。

(2) 在字段列表新的一行中,"字段名称"列输入"成绩评级",将"数据类型"设置为"计算"。

(3) 在弹出的"表达式生成器"窗口中,输入表达式:IIf([成绩]>=60,"及格","不及格")。

(4) 单击"确定"按钮,返回到设计视图,设置结果如图2.40所示。

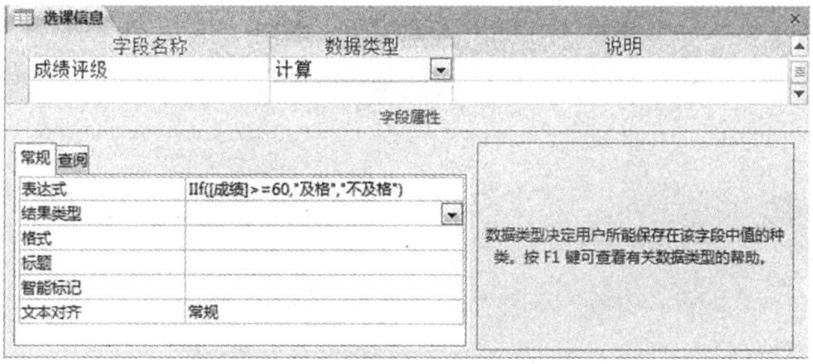

图2.40 "成绩评级"字段设置结果

（5）保存"选课信息"表，切换到数据表视图，如图 2.41 所示。

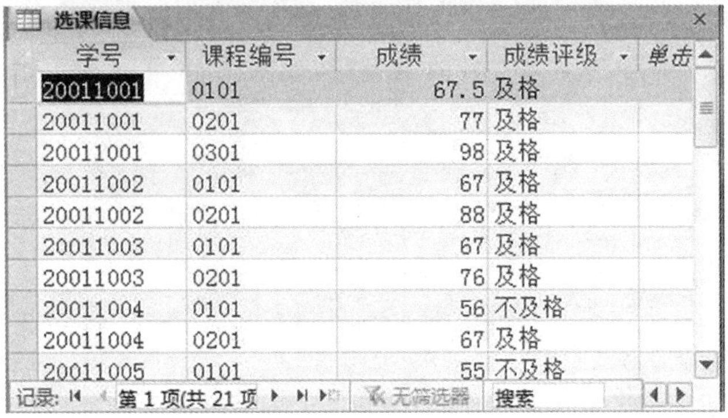

图 2.41 "计算"数据类型字段计算结果

6. 创建"附件"类型字段

"附件"数据类型的字段，可以存储所有种类的文档和二进制文件，而不会使数据库大小发生不必要的增长。如果有必要，Access 会自动压缩附件，以将所占用的空间降到最小。当某个字段的数据类型设置为"附件"类型时，该字段可以添加一个或多个附件，多个附件的数据类型可以不同。

【例 2.14】 在"院系"表中添加"院系信息"字段，数据类型为"附件"型。将存储在 Word 文档中的院系简介和院系相关图片添加到"院系信息"字段中。

具体操作步骤如下：

（1）使用表"设计视图"打开"院系"表。

（2）在字段列表新的一行中，"字段名称"列输入"院系信息"，将"数据类型"设置为"附件"，将"标题"属性设置为"院系信息"，如图 2.42 所示。

图 2.42 "院系信息"字段设置结果

（3）切换到数据表视图，如图 2.43 所示。

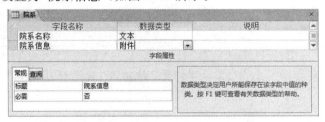

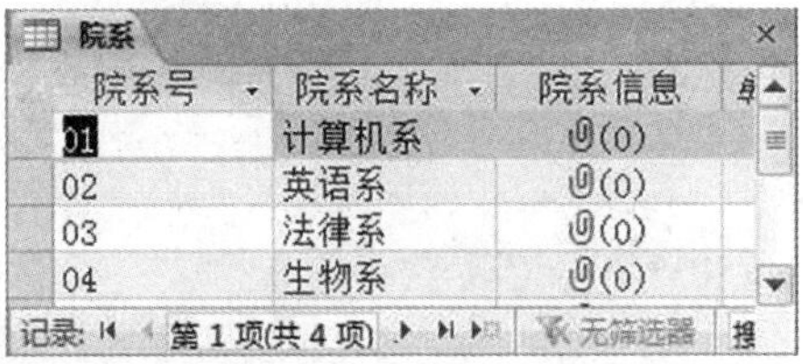

图 2.43 "院系信息"的字段内容

注意:"院系信息"字段的显示内容为 ⓤ(0),其中(0)代表没有附件,该数字表示了"附件"字段中包含的附件数量。

(4)双击第一条记录的"院系信息"字段,弹出"附件"对话框。

(5)单击"添加"按钮,在弹出的"选择文件"对话框中找到要添加的 Word 文件"计算机系简介",单击"打开"按钮,回到"附件"对话框,如图 2.44 所示。

图 2.44 "附件"对话框

(6)按照步骤(5),将院系的相关照片添加到该字段的附件中,添加结果如图 2.45 所示。

图 2.45 添加附件后的结果

(7)单击"确定"按钮,完成附件的添加。在数据表视图中,可以看到第一条记录的"院系信息"字段显示为 ⓤ(3),表示在该字段中添加了三个附件,如图 2.46 所示。

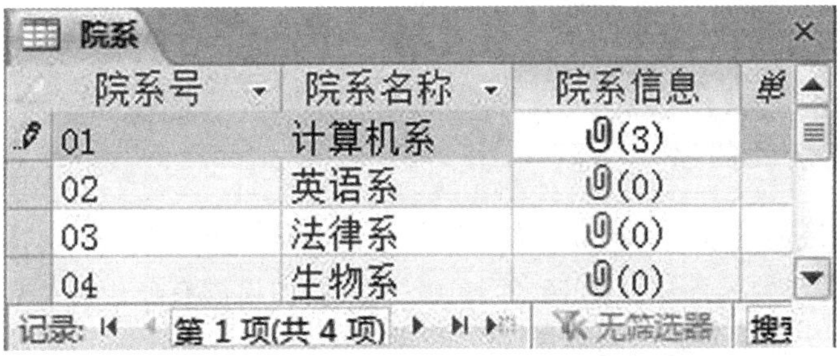

图 2.46 添加了附件的"院系信息"字段

2.3 表间关系

2.3.1 表间关系的概念

在 Access 中,每个表都是数据库独立的一个部分,但每个表又不是孤立的,表与表之间一定存在着相互关系。在 Access 中,表与表之间的关系可以分为一对一、一对多和多对多三种。

假设有表 A 和表 B 两个表存在以下关系。

(1) 一对一。

如果表 A 中的一条记录与表 B 中的一条记录相匹配,反之也是如此,则这两个表存在着一对一的关系。

(2) 一对多。

如果表 A 中的一条记录与表 B 中的多条记录相匹配,而表 B 中的一条记录只与表 A 中的一条记录相匹配,则这两个表存在着一对多的关系。

(3) 多对多。

如果表 A 中的一条记录与表 B 中的多条记录相匹配,且表 B 中的一条记录也与表 A 中的多条记录相匹配,则称表 A 与表 B 是多对多的关系。

可以将一对一的关系的两个表合并为一个表,这样既不会出现重复信息,又便于表的查询,而任何多对多的关系都可以拆成多个一对多的关系。因此在 Access 中,表与表之间的关系都可定义为一对多的关系。通常将一端表称为主表,将多端表称为相关表。一对多的关系是表中最常见的关系。

2.3.2 设置参照完整性

当用户输入或删除记录时,为维持表与表之间已定义的关系,必须遵循某种规则,这些规则就是参照完整性。参照完整性规则用来约束主关键字和外关键字之间的引用规则。例如,"学号"字段是"学生信息"表的主关键字,同时是"选课信息"表的外关键字,那么在"选课信息"表中,"学号"字段的值必须满足条件:为空值(Null)或为"学生信息"表中某条记录的主关键字取值。

当设置了参照完整性之后对表中主键字段进行操作时,系统会自动地检查主键字段是否被添加、修改或删除。如果对主键字段的修改违背了参照完整性的要求,那么系统会自动强制执行参照完整性。

2.3.3 建立表间关系

使用数据库向导创建数据库时,向导自动定义各个表之间的关系;同样,使用表向导创建表时,也将定义该表与数据库中其他表之间的关系。但如果没有使用向导创建数据库或表,那么就需要用户自定义表与表之间的关系。

注意:在定义表与表之间的关系之前,应关闭所有需要定义关系的表。

【例 2.15】 定义"学籍管理"数据库中已存在表与表之间的关系并设置参照完整性。

具体操作步骤如下。

(1) 单击"数据库工具"选项卡,单击"关系"组中的"关系"按钮,打开"关系"窗口。单击"设计"选项卡,单击"关系"组中的"显示表"按钮,弹出"显示表"对话框。

(2) "显示表"对话框中列出的四个表:"学生信息"表、"课程信息"表、"选课信息"表、"院系"表。分别双击各个表,或者选中表后单击"添加"按钮,则四个表都出现在"关系"设计窗口中,单击"显示表"对话框中的"关闭"按钮,关闭"显示表"对话框。"关系"窗口如图 2.47 所示。

图 2.47 导入四个表的"关系"窗口

(3) 选定"课程信息"表中的"课程编号"字段,按下鼠标左键并拖动到"选课信息"表中的"课程编号"字段上,松开鼠标,此时弹出"编辑关系"对话框,如图 2.48 所示。

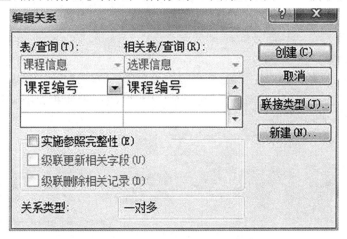

图 2.48 "编辑关系"对话框

注意:在图 2.48 所示的"编辑关系"对话框中有一个"实施参照完整性"复选框,勾选该复选框,其下方的"级联更新相关字段"和"级联删除相关记录"复选框就变为可选状态。如果选择了下方的"级联更新相关字段",则更新主表"课程信息"的记录时,自动更新相关表"选课信息"中的对应记录。如果选择了下方的"级联删除相关记录",则删除主表"课程信息"的记录时,自动删除相关表"选课信息"中的对应记录。

(4) 勾选"实施参照完整性"复选框,实施两表间的参照完整性,单击"创建"按钮。

(5) 重复步骤(3)和(4),完成所有表间关系的设置,如图 2.49 所示。

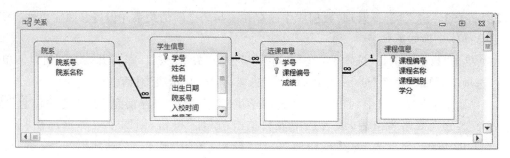

图 2.49 建好表间关系的"关系"对话框

注意：建立了两表之间的关系后，两表之间由一条关系连接。例如，"课程信息"表的连线方显示"1"，而"选课信息"表的连线方显示"∞"。这代表了"课程信息"表和"选课信息"表之间是一对多的关系，即"课程信息"表中的一条记录与"选课信息"表中的多条记录相匹配。

（6）单击快速访问工具栏上的"保存"按钮，单击"设计"选项卡上的"关闭"按钮。

2.3.4 编辑和删除表间关系

创建了表间关系后，还可以编辑或删除关系。

【例 2.16】 在"学籍管理"数据库中，删除"学生信息表"与"院系"表间的关系，将"学生信息"表与"选课信息"表间参照完整性更改为"级联更新相关字段"。

具体操作步骤如下。

（1）单击"数据库工具"选项卡，单击"关系"组中的"关系"按钮，打开"关系"窗口。

（2）单击"学生信息"表与"院系"表间的关系连线，然后按 Delete 键，在弹出的对话框中单击"确定"按钮，删除两表间的关系。

（3）单击"学生信息"表与"选课信息"表间的关系连线，单击"设计"选项卡，再单击"工具"组中的"编辑关系"按钮，弹出"编辑关系"对话框。勾选"级联更新相关字段"复选框，单击"确定"按钮，如图 2.50 所示。

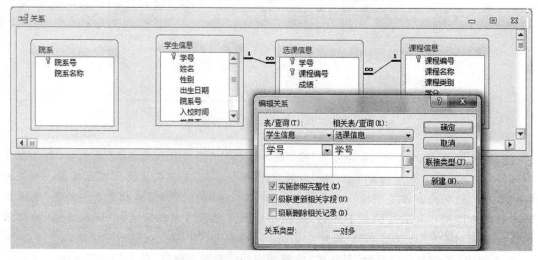

图 2.50 编辑表间关系

2.4 表的维护

在创建数据库和表时,往往不能完全满足用户的需求,而需要对表中的数据进行增加、修改或删除操作。因此,对表的维护非常重要。本节将主要介绍怎样修改和维护表的结构、内容、外观,以及表的基本操作方法。

2.4.1 修改表结构

数据库中的表在创建完成后,可以进一步修改表结构,如修改字段名称、字段数据类型等。表结构的修改一般在表设计视图中进行。

下面以修改"学生信息"表结构为例,介绍如何进行添加、修改、删除字段等操作。

1. 添加字段

在表中添加一个字段对其他字段和现有数据不会产生影响,但在依据该表建立的查询、窗体或报表中,不会自动加入新字段,而需要手工添加进去。

【例 2.17】 在"学生信息"表中的"出生日期"字段前插入"年龄"字段。

具体操作步骤如下。

(1) 在"学生信息"表的设计视图窗口中,单击要插入新字段的位置。在本例中,单击"出生日期"字段。

(2) 单击"设计"选项卡,单击"工具"组中的"插入行"按钮 ∃⁻⁼插入行 。

(3) 在当前行之前出现的空行中输入新字段名,如"年龄",选择该字段的数据类型并完成相关属性的设置,如图 2.51 所示。单击"保存"按钮,完成字段的添加。

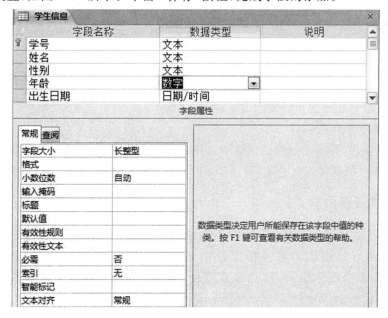

图 2.51 添加字段

2. 修改字段

修改字段包括重命名字段、改变字段数据类型、添加说明信息和修改字段属性等。如果只修改字段名，可以在数据表视图中进行；如果要改变数据类型或定义字段的属性，则需要在表设计视图中进行。

具体操作步骤如下。

（1）打开表设计视图。

（2）选中要修改的字段，进行具体修改。

重命名字段时并不影响该字段的数据内容，但是会影响其他基于该表创建的数据库对象。修改字段的数据类型很可能会丢失表中原有的数据。所以，在修改字段的数据类型之前，最好先为数据表做好备份，以免造成损失。

3. 删除字段

如果数据表中存在多余的字段，可以进行删除。

具体操作步骤如下。

（1）打开需要删除字段的表设计视图。

（2）将鼠标指针移到要删除的字段行上，如果要选择一组连续的字段，可将鼠标指针拖过所有被选字段的字段选定器；如果要选择一组不连续的字段，可先选中要删除的某一个字段的字段选定器，然后按下 Ctrl 键不放，再单击每一个要删除字段的字段选定器。

（3）单击"设计"选项卡，单击"工具"组中的"删除行"按钮 删除行 。

（4）关闭表设计视图，此时屏幕上将出现提示信息对话框，询问是否永久删除被选中的字段，单击"是"按钮，该字段被永久删除。

注意：在保存修改结果之后，所有对表结构的改变均不可逆转。

4. 重新设置主键

如果数据表中原有的主键不合适，则可以重新设置主键。

具体操作步骤如下。

（1）打开需要重新设置主键的表设计视图。

（2）选中新的主键字段。

（3）右击该字段，在弹出的快捷菜单中选择"主键"命令，将选中的字段重新设置为主键。

一个数据表中只能有一个主键，一旦重新设置了主键，则原有的主键将被替代。

2.4.2 编辑表内容

为了确保表中数据的准确性，使所建表能够满足实际要求，需要对表的内容进行编辑。编辑表中内容的操作主要包括定位记录、添加记录、修改记录和删除记录。可利用复制、粘贴的方法简化输入，提高输入速度。所有对表内容的编辑操作，均在数据表视图中进行。

1. 选择记录

选择记录的操作方法如表 2.6 所示。

表 2.6 选择记录的操作方法

选择对象	操作方法
一个字段的部分数据	在字段开始处单击鼠标左键,拖动鼠标到数据结尾处松开鼠标左键
整个字段的数据	移动鼠标到字段左侧,待其变成加号时,单击鼠标左键
相邻多个字段	移动鼠标到第一个字段左侧,待其变成加号时,单击鼠标左键,拖动鼠标到最后一个字段时松开鼠标左键
一条记录	单击该条记录最左侧的记录选定器
相邻多条记录	在第一条记录最左侧的记录选定器处单击鼠标左键,拖动鼠标到最后一条记录的记录选定器后松开鼠标左键
一列数据	单击该列的字段选定器
相邻多列数据	与选择相邻多条记录的方法相似
不相邻多列数据	与选择不相邻多条记录的方法相似
全部记录	单击行列交叉处的 图标;或单击"设计"选项卡中的"查找"组中的"选择"按钮,在下拉菜单中单击"全选"按钮

2. 添加记录

具体操作步骤如下。

(1) 使用数据表视图打开要编辑的表。

(2) 将光标移到表的最后一行,直接输入要添加的数据。

(3) 每当输入完一条记录后,按下 Enter 键,光标向下移至下一条记录的第一个字段处,继续输入即可。

3. 修改记录

打开数据表视图,将光标移到需要修改数据的相应字段直接修改即可。

修改记录时,可以修改字段的部分内容,也可以修改字段的全部内容。

4. 删除记录

选中需要删除的记录所在行,单击鼠标右键,在弹出的快捷菜单中选择"删除记录"命令;或单击"设计"选项卡中的"记录"组中的"删除"按钮。在弹出的询问提示对话框中,单击"是"按钮,删除该记录;单击"否"按钮,则取消删除记录。

删除记录后不可恢复,操作时要谨慎。

5. 复制数据

由于在输入或编辑数据时,有些数据是相同或相似的,这时可以使用复制记录的操作来简化输入,提高输入速度。首先选中要复制的字段或字段的部分内容,按照一般"复制"、"粘贴"的方法即可复制数据。

6. 查找数据

【例 2.18】 查找"学生信息"表中"院系号"为"02"的学生。

具体操作步骤如下。

(1) 用数据表视图打开"学生信息"表,单击"院系号"字段的字段选定器。

(2) 单击"开始"选项卡,单击"查找"组中的"查找"按钮,弹出"查找和替换"对话框,在"查找内容"文本框中输入"02",如图 2.52 所示。

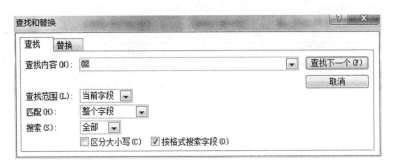

图 2.52 "查找和替换"对话框

(3) 单击"查找下一个"按钮,这时将查找下一个指定的内容,Access 将反向显示找到的数据。连续单击"查找下一个"按钮,可以将全部指定的内容查找出来。

(4) 单击"取消"按钮或窗口"关闭"按钮,结束查找。

查找时,若用户只知道部分内容或希望按照特定的要求查找记录,则可以使用通配符进行搜索,通配符的用法如表 2.7 所示。

表 2.7 通配符的用法

字符	用法	示例
*	通配任意个数的字符	wh* 可以找到 white 和 why,但找不到 wash 和 without
?	通配任意单个字符	b?ll 可以找到 ball 和 bill,但找不到 blle 和 beall
[ ]	通配方括号内任意单个字符	b[ae]ll 可以找到 ball 和 bell,但找不到 bill
!	通配任意不在方括号内的字符	b[!ae]ll 可以找到 bill 和 bull,但找不到 bell 和 ball
—	通配范围内的任意一个字符。必须以递增排列顺序来指定区域(A~Z,而不是 Z~A)	b[a—c]d 可以找到 bad、bbd 和 bcd,但找不到 bdd
#	通配任意单个数字字符	1#3 可以找到 103、113 和 123,但找不到 1d3

如果表中某些记录的字段暂时还没有输入数据,则称这个字段的值为空值。字段中允许使用空值,表示该字段的值目前尚未确定。当需要查找空值字段时,可以在"查找内容"文本框中输入"Null"。

注意:空值与空字符串是两个不同的概念,空字符串是用定界符双引号括起来的长度值为零的字符串,如"",双引号之间没有任何字符。当需要查找空字符串时,可以在"查找内容"文本框中输入""""。

7. 替换数据

替换和查找数据往往同时使用。在 Access 中,通过使用"查找和替换"对话框可以在指定的范围内将指定查找的内容的所有记录或某些记录替换为新的内容。

【例 2.19】 查找"学生信息"表中"院系号"为"04"的所有记录,并将其值改为"03"。

具体操作步骤如下。

(1) 打开"学生信息"表的数据表视图,单击"院系号"字段的字段选定器。

(2) 单击"开始"选项卡,单击"查找"组中的"查找"按钮,弹出"查找和替换"对话框。在"查找内容"文本框中输入"04",在"替换为"文本框中输入"03",如图 2.53 所示。

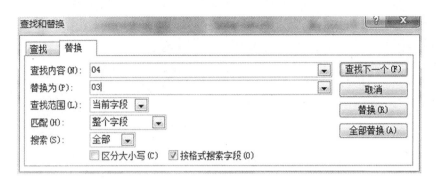

图 2.53 设置查找和替换选项

(3) 单击"查找下一个"按钮,找到后根据需要确定是否单击"替换"按钮。若单击"全部替换"按钮,则可以一次替换查找出的全部指定内容。

2.4.3 调整表外观

调整表外观是为了让表看起来更加清晰、美观。当新创建的数据表在外观上不够完美时,用户可以通过数据表视图修改数据表的格式、设置字体及字号、改变行高和列宽、调整字段的排列次序和背景色彩等,来调整表的外观。

以"教学管理"数据库为例,对数据库中表的外观进行调整。

1. 调整表的行高和列宽

可以用手动调整和设定参数这两种方法来设置表的行高和列宽。

具体操作步骤如下。

(1) 将要设置格式的表用数据表视图打开。

(2) 手动调节行高。将鼠标指针放在表中任意两行记录选定器之间,当鼠标指针变为双向箭头时,按住鼠标左键不放,拖动鼠标上下移动,调整到所需高度后松开鼠标即可。

(3) 设置行高参数。右键单击一行或多行的记录选定器,在弹出的快捷菜单中选择"行高"命令,在弹出的"行高"对话框中输入所需的行高值,如图 2.54 所示,然后单击"确定"按钮。

图 2.54 "行高"对话框

调整列宽的方法同调整行高一样,也有两种方法:分别是手动调节和设置列宽参数。

具体操作步骤如下。

(1) 将要设置格式的表用数据表视图打开。

(2) 手动调节列宽。将鼠标指针放在表中任意两列字段选定器之间,当鼠标指针变为双向箭头时,按住鼠标左键不放,拖动鼠标左右移动,调整到所需宽度后松开鼠标即可。

(3) 设置列宽参数。右键单击一列或多列的字段选定器,在快捷菜单中选择"字段宽度"命令,在弹出的"列宽"对话框中输入所需的列宽值,如图 2.55 所示,然后单击"确定"按钮。

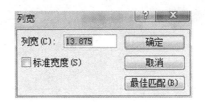

图 2.55 "列宽"对话框

注意:设置行高和列宽参数也可以采用如下方法:单击"开始"选项卡,单击"记录"组中的"其他"按钮,在弹出的快捷菜单中选择"行高"或"字段宽度"命令,然后在弹出的"行高"或"列宽"对话框中进行设置。

2. 调整表中字体和字号

在数据表视图中,单击"开始"选项卡,在"文本格式"组设置表中数据的字体、字号、倾斜、颜色等参数,如图 2.56 所示。在 Access 中,对于字体和字号等参数的调整,对整个数据表都有效。

图 2.56 "字体"对话框

3. 调整数据表格式

调整数据表格式可以改变数据表视图中单元格的显示效果,也可以选择网格线的显示方式和颜色,以及表格的背景颜色等。

具体操作步骤如下。

(1) 将要设置格式的表用数据表视图打开。

(2) 单击"开始"选项卡,在"文本格式"组中单击"网格线"按钮,在下拉菜单中选择网格线的样式,如图 2.57 所示。

(3) 在"开始"选项卡中,单击"文本格式"组右下角处的"设置数据表格式"按钮,弹出"设置数据表格式"对话框,如图 2.58 所示。

图 2.57 设置网格线

图 2.58 设置数据表格式

(4) 根据需要设置表的单元格效果、网格线显示方式、网格线颜色和背景色等参数，单击"确定"按钮完成设置。

4. 设置隐藏列

有时数据表的字段过多，使屏幕无法完整显示表中所有的字段，这时可以将不需要显示的列暂时隐藏起来。隐藏只是在屏幕上不显示出来，并不是删除，当需要再显示时，还可以取消隐藏恢复显示。

隐藏列的操作方法有两种。

① 设置零列宽。参照设置列宽的方法，在"列宽"对话框中将需要隐藏的字段列宽设置为"0"即可。

② 设置隐藏列。右键单击要隐藏字段的字段选定器，在快捷菜单中选择"隐藏字段"命令；或者单击"开始"选项卡，单击"记录"组中的"其他"按钮，在下拉菜单中选择"隐藏字段"命令。

当需要重新显示隐藏的列时，具体操作步骤如下。

（1）在数据表视图中打开表，右键单击任意字段的字段选定器，在快捷菜单中选择"取消隐藏字段"命令；或者单击"开始"选项卡，单击"记录"组中的"其他"按钮，在下拉菜单中选择"取消隐藏字段"命令。此时，弹出"取消隐藏列"对话框，如图 2.59 所示。

图 2.59 "取消隐藏列"对话框

（2）在"取消隐藏列"对话框中，选中要恢复显示的字段名前的复选框，即可将原来隐藏的列显示出来。

5. 冻结列

冻结列是用来解决表过宽时，部分字段值因为水平滚动后无法看到的问题。冻结后，无论怎样水平滚动窗口，被冻结的字段总是可见的，并且总是显示在窗口的最左侧。

冻结列的方法为用数据表视图打开表，右键单击要冻结字段的字段选定器，在快捷菜单中选择"冻结字段"命令；或者单击"开始"选项卡，单击"记录"组中的"其他"按钮，在下拉菜单中选择"冻结字段"命令。

取消冻结列的方法是用数据表视图打开表，右键单击任意字段的字段选定器，在快捷菜单中选择"取消冻结所有字段"命令；或者单击"开始"选项卡，单击"记录"组中的"其他"按钮，在下拉菜单中选择“取消冻结所有字段”命令。

6. 改变字段显示次序

Access 数据表中字段的默认排列次序为字段的创建次序，用户也可以手动改变字段的显示次序。

【例 2.20】 交换“学生信息”表中的“姓名”字段和“学号”字段的位置。

具体操作步骤如下。

(1) 打开“学生信息”表的数据表视图。

(2) 选中“姓名”字段列。

(3) 将鼠标指针放在“姓名”字段列的字段名上，按住鼠标左键拖动该字段列到“学号”字段列之前，释放鼠标左键。

2.5 表的其他操作

在创建的数据表中经常需要进行按照特殊条件筛选记录或者按照字段值排序等操作，用户可以在数据表视图中完成这些操作。

2.5.1 筛选记录

在实际应用时，常需要从数据表中找出满足一定条件的记录。Access 提供了四种筛选方法，即按选定内容筛选、按窗体筛选、使用筛选器筛选和高级筛选。经过筛选后的表中，只有满足条件的记录可以显示出来，而不满足条件的记录将被隐藏。

当完成筛选后保存表时，Access 将同时保存筛选条件，下次再打开该表时，可以单击表工具栏中的“应用筛选”按钮，再次使用该筛选。

1. 按选定内容筛选

【例 2.21】 筛选出“学生信息”表中所有女生的记录。

具体操作步骤如下。

(1) 打开“学生信息”表的数据表视图。

(2) 单击“性别”字段为“女”的单元格。

(3) 单击“开始”选项卡，在“排序和筛选”组中单击“选择”按钮，在下拉菜单中选择“等于"女"”命令，筛选出所有女生的记录，如图 2.60 所示。

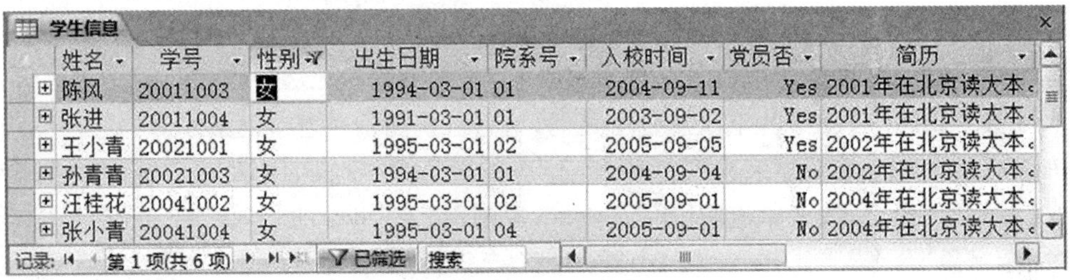
学生信息

姓名	学号	性别	出生日期	院系号	入校时间	党员否	简历
陈风	20011003	女	1994-03-01	01	2004-09-11	Yes	2001年在北京读大本
张进	20011004	女	1991-03-01	01	2003-09-02	Yes	2001年在北京读大本
王小青	20021001	女	1995-03-01	02	2005-09-05	Yes	2002年在北京读大本
孙青青	20021003	女	1994-03-01	01	2004-09-04	No	2002年在北京读大本
汪桂花	20041002	女	1995-03-01	02	2005-09-01	No	2004年在北京读大本
张小青	20041004	女	1995-03-01	04	2005-09-01	No	2004年在北京读大本

记录: 第 1 项(共 6 项) 已筛选 搜索

图 2.60 筛选后所有女生的记录

(4) 如果需要取消筛选,单击"开始"选项卡,在"排序和筛选"组中单击"切换筛选"按钮。

使用"选择"按钮,不同数据类型的字段,可以在菜单中找到不同的筛选选项,如表 2.8 所示。

表 2.8　不同数据类型字段的筛选选项

数据类型	筛选选项
文本	"等于"、"不等于"、"包含"、"不包含"等
日期/时间	"等于"、"不等于"、"不晚于"、"不早于"、"期间"等
数字	"等于"、"不等于"、"小于或等于"、"大于或等于"、"期间"等
是/否	"是"、"不是"、"选中"、"不选中"等

2. 按窗体筛选

按窗体筛选是一种快速的筛选方法,使用它不用浏览整个表中的记录。按窗体筛选记录时,每个字段都是一个下拉列表框。用户通过选择相关字段下拉列表中某个字段值作为筛选的条件。对于多个筛选条件的选取,还可以单击窗体底部的"或"标签确定字段值之间的关系。

【例 2.22】 用按窗体筛选的方法将"学生信息"表中的"01"系女生筛选出来。

具体操作步骤如下。

(1) 打开"学生信息"表的数据表视图。

(2) 单击"开始"选项卡,在"排序和筛选"组中单击"高级"按钮,在下拉菜单中选择"按窗体筛选"命令,切换到"按窗体筛选"窗口,如图 2.61 所示。

图 2.61　在"按窗体筛选"窗口中筛选字段值

(3) 选择"性别"字段,然后单击字段右侧的下拉按钮,在下拉列表中选择"女"选项。

(4) 选择"院系号"字段,然后单击字段右侧的下拉按钮,在下拉列表中选择"01",如图 2.62 所示。

图 2.62　在"按窗体筛选"窗口中筛选字段值

(5) 单击"开始"选项卡,在"排序和筛选"组中单击"切换窗体"按钮,筛选结果如图 2.63 所示。

图 2.63　按窗体筛选的结果

3. 使用筛选器筛选

使用筛选器筛选是一种较灵活的方法，是将选定列中所有不重复的值以列表形式显示出来，供用户选择。

【例 2.23】 在“选课信息”表中筛选出成绩大于等于 80 的记录。

具体操作步骤如下。

(1) 打开“选课信息”表的数据表视图，选中“成绩”字段。

(2) 单击“成绩”字段右侧的下拉箭头，或者在“开始”选项卡中，单击“排序和筛选”组中的“筛选器”按钮，在弹出的快捷菜单中选择“数字筛选器”中的“大于”命令，如图 2.64 所示。在弹出的“自定义筛选”对话框中输入“80”，如图 2.65 所示。

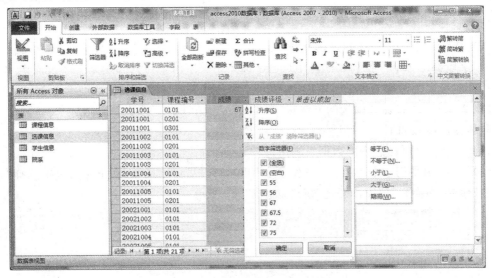

图 2.64 设置筛选选项

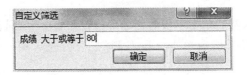

图 2.65 “自定义筛选”对话框

(3) 单击“确定”按钮，便可得到筛选结果，如图 2.66 所示。

学号	课程编号	成绩	成绩评级
20021002	0101	81	及格
20021004	0101	83	及格
20041001	0101	81	及格
20041002	0101	82	及格
20041005	0101	87	及格
20011002	0201	88	及格
20011001	0301	98	及格

记录: 第 1 项(共 7 项) 已筛选 搜索

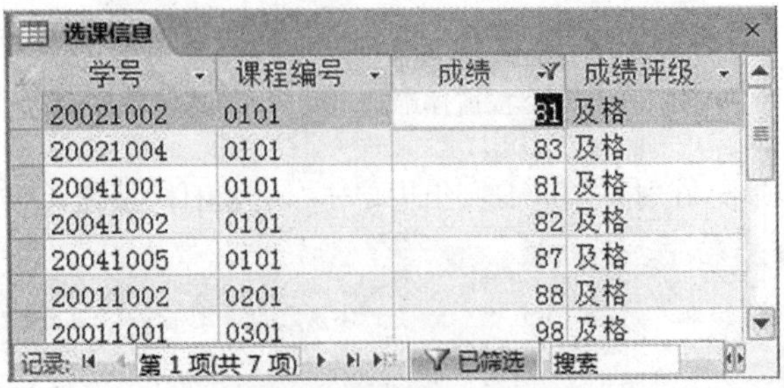

图 2.66 筛选的结果

【例2.24】 在"学生信息"表中筛选出姓名里含有"青"字的记录。

具体操作步骤如下。

(1) 打开"学生信息"表的数据表视图,选中"姓名"字段。

(2) 单击"姓名"字段右侧的下拉箭头,在弹出的快捷菜单中选择"文本筛选器"下的"包含"命令,如图2.67所示。在弹出的"自定义筛选"对话框中输入"青",如图2.68所示。

图2.67 设置筛选选项

图2.68 "自定义筛选"对话框

(3) 单击"确定"按钮,便可得到筛选结果,如图2.69所示。

图2.69 筛选的结果

4. 高级筛选

使用高级筛选可进行复杂的筛选,筛选出符合多重条件的记录。

【例2.25】 从"学生信息"表中筛选出"院系号"为"01",学号前4位为"2001"的记录,并将筛选结果按照学号降序排列。

具体操作步骤如下。

(1) 在数据表视图中打开"学生信息"表,在"开始"选项卡中,单击"排序和筛选"组中的"高级"按钮,在弹出的快捷菜单中选择"高级筛选/排序"命令,打开数据表筛选窗口。

筛选窗口分为上下两部分。上半部分显示了被打开表的字段列表,下半部分是设计网格。

(2) 双击"学号"字段,将该字段添加到设计网格第1列,将该列"排序"行设置为"降序";单击设计网格第2列的"字段"行,输入表达式"Left([学号],4)",在该列条件行输入"2001";在第3列的"字段"行选择"院系号"字段,在该列"条件"行输入"01",如图2.70所示。

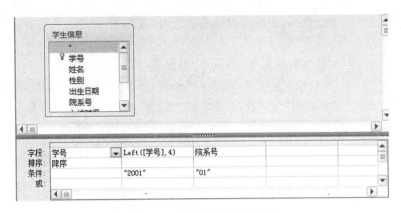

图 2.70　高级筛选/排序窗口

(3) 单击"开始"选项卡,单击"排序与筛选"组中的"切换筛选"按钮,筛选结果如图 2.71 所示。

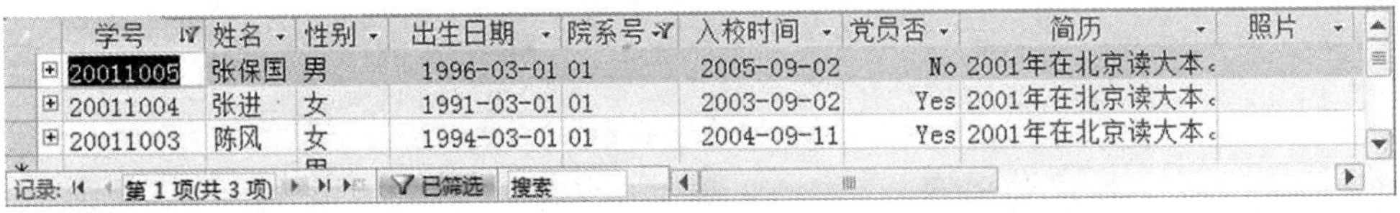

图 2.71　筛选结果

2.5.2　排序记录

向 Access 数据表中输入的数据一般是按照输入记录的先后顺序排列的。但在实际应用中,可能需要将记录按照不同的要求重新排列顺序。

1. 排序规则

排序是将表中的记录按照一个或多个字段的值对表中所有记录重新排列。可按升序排序,也可按降序排序。记录排序时,不同的数据类型,其排序规则有所不同。

具体规则如下。

① 数字按大小排序,升序时从小到大排列,降序时从大到小排列。

② 英文按 26 个字母顺序排序(不区分大小写),升序时按 A～Z 排列,降序时按 Z～A 排列。

③ 中文按拼音字母的顺序排序,升序时按 A～Z 排列,降序时按 Z～A 排列。

④ 日期和时间字段按日期的先后顺序排序,升序时按从前向后的顺序排列,降序时按从后向前的顺序排列。

⑤ 备注、超级链接、OLE 对象、附件类型的字段不能排序。

⑥ 对于文本型的字段,如果它的取值中有数字,那么 Access 将数字视为字符串,排序时按照 ASCII 码的大小排列,而不是按照数值本身的大小排列。

⑦ 按升序排列字段时,如果字段的值为空值,则将包含空值的记录排列在列表中的第 1 条。

⑧ 排序后,排序方式会与表一起保存。

2. 按单字段排序

【例 2.26】 在"学生信息"表中按"院系号"字段降序排序。

具体操作步骤如下。

（1）打开"学生信息"数据表视图，选择"院系号"字段所在列。

（2）单击"开始"选项卡，单击"排序和筛选"组中的"降序"按钮，排序结果如图 2.72 所示。

学生信息								
学号	姓名	性别	出生日期	院系号	入校时间	党员否	简历	照片
20041004	张小青	女	1995-03-01	04	2005-09-01	No	2004年在北京读大本	
20041003	张军	男	1995-03-01	04	2005-09-01	No	2004年在北京读大本	
20021002	刘流	男	1995-03-01	04	2005-09-01	No	2002年在北京读大本	
20021005	陈进	男	1993-03-01	03	2004-09-03	No	2002年在北京读大本	
20021004	舒华	男	1992-03-01	03	2003-09-07	Yes	2002年在北京读大本	
20011002	王冠	男	1995-03-01	03	2005-09-04	No	2001年在北京读大本	
20011002	汪桂花	女	1995-03-01	02	2005-09-01	No	2001年在北京读大本	
20021001	王小青	女	1995-03-01	02	2005-09-05	Yes	2002年在北京读大本	
20011001	王希	男	1992-03-01	02	2003-09-01	Yes	2001年在北京读大本	
20041005	臧天朔	男	1993-03-01	01	2003-09-08	No	2004年在北京读大本	
20041001	张成	男	1994-03-01	01	2005-09-01	Yes	2004年在北京读大本	
20021003	孙青青	女	1994-03-01	01	2004-09-04	No	2002年在北京读大本	
20011005	张保国	男	1996-03-01	01	2005-09-02	No	2001年在北京读大本	
20011004	张进	女	1991-03-01	01	2003-09-02	Yes	2001年在北京读大本	
20011003	陈风	女	1994-03-01	01	2004-09-11	Yes	2001年在北京读大本	

图 2.72 按"院系号"字段降序排序

3. 按多字段排序

按多字段进行排序时，先按第一个字段指定的顺序排序，当第一个字段有重复值时，再按照第二个字段指定的顺序排序，依次类推，排序的方法有以下两种。

① 在数据表视图打开表，选择用于排序的字段，单击工具栏中的"升序"按钮即可。

② 使用"高级筛选/排序"命令中的"高级筛选"功能，在"筛选"窗口中进行多字段排序。

使用数据表视图按多个字段排序时，只能使所有的字段都按同一种次序排序，而且这些字段必须相邻。如果不同的字段需要按不同的次序排序，或者要进行排序的字段不相邻，则必须使用"筛选"窗口进行多字段排序。

【例 2.27】 在"学生信息"表中先按"院系号"升序排列，再按"学号"降序排列。

具体操作步骤如下。

（1）在数据表视图中打开"学生信息"表，在"开始"选项卡中，单击"排序和筛选"组中的"高级"按钮，在弹出的快捷菜单中选择"高级筛选/排序"命令，打开数据表筛选窗口。

（2）双击"院系号"字段，将该字段添加到设计网格第 1 列，将该列"排序"行设置为"升序"；双击"学号"字段，将该字段添加到设计网格第 2 列，将该列"排序"行设置为"降序"，如图 2.73 所示。

图 2.73　在筛选窗口设置排序

（3）单击"开始"选项卡，单击"排序和筛选"组中的"切换筛选"按钮，排序结果如图 2.74 所示。

图 2.74　排序结果

本 章 小 结

本章重点讲解了数据库和表的基本操作方法，包括创建简单的 Access 数据库、创建表、编辑表、建立表与表之间的关系等内容。其中修改表、编辑表等内容是上机考试的重点，读者应熟练操作。

真 题 演 练

（1）下列关于字段属性的叙述中，正确的是（　　）。（2011 年 3 月）

A. 可对任意类型的字段设置"默认值"属性

B. 定义字段默认值的含义是该字段值不允许为空

C. 只有"文本"型数据能够使用"输入掩码向导"
D. "有效性规则"属性只允许定义一个条件表达式

【答案】D

【解析】OLE对象类型不可设置默认值;在一个数据库中,会有一些字段的数据内容相同或含有相同的部分,例如,"学生信息"表中的性别字段只有"男"或"女"两种值,在这种情况下就可以设置一个默认值,设置默认值不代表不允许字段为空;除"文本"型数据能够使用"输入掩码向导"外,"数字"、"日期/时间"、"货币"等类型也能使用"输入掩码向导"。

(2) 若将文本型字段的输入掩码设置为"＃＃＃＃－＃＃＃＃＃＃",则正确的输入数据是( )。(2010年9月)

A. 0755－abcdet B. 077－12345
C. a cd－123456 D. ＃＃＃＃－＃＃＃＃＃＃

【答案】B

【解析】输入掩码设置为 ＃ 代表可以选择输入数字或空格。正确答案为B。

(3) 在Access中,设置为主键的字段( )。(2010年3月)

A. 不能设置索引 B. 可设置为"有(有重复)"索引
C. 系统自动设置索引 D. 可设置为"无"索引

【答案】C

【解析】设置为主键的字段,系统自动设置为"有(无重复)"索引,因此本题选C。

(4) "教学管理"数据库中有学生信息表、课程信息表和选课信息表,为了有效地反映这三张表中数据之间的联系,在创建数据库时应设置( )。(2008年4月)

A. 默认值 B. 有效性规则
C. 索引 D. 表之间的关系

【答案】D

【解析】在Access中,每个表都是数据库中一个独立的部分,它们本身具有很多的功能,但是每个表又不是完全孤立的部分,表与表之间可能存在着相互的联系。

此题要求有效反映学生信息表、课程信息表与选课信息表三张表中数据之间的联系,故选D。

(5) 在Access中,如果不想显示数据表中的某些字段,可以使用的命令是( )。(2010年3月)

A. 隐藏 B. 删除 C. 冻结 D. 筛选

【答案】A

【解析】"隐藏"命令是将某些字段暂时隐藏起来,需要时再将其显示;"冻结"命令是当水平滚动窗口时,冻结的字段仍是可见的;"删除"命令是彻底删除字段的值,不会再显示;"筛选"命令是从众多数据中挑选了一部分满足某种条件的数据进行处理。因此本题选A。

(6) 如果在查询条件中使用通配符"[]",其含义是( )。(2010年9月)

A. 错误的使用方法
B. 通配不在括号内的任意字符
C. 通配任意长度的字符

D. 通配方括号内任意单个字符

【答案】D

【解析】在查询条件中使用"[]",表示在所定义的字符模式中,用"[]"描述一个范围,用于可匹配的字符范围中的一个字符,故选择 D。

(7)在数据表中,对指定字段查找匹配项,按下图"查找和替换"对话框中的设置的结果是( )。(2008 年 4 月)

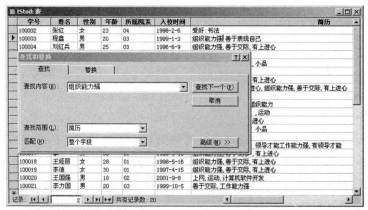

A. 定位简历字段中包含了字符串"组织能力强"的记录

B. 定位简历字段仅为"组织能力强"的记录

C. 显示符合查询内容的第一条记录

D. 显示符合查询内容的所有记录

【答案】B

【解析】在"查找和替换"对话框中,查找内容为"组织能力强",查找范围为该表的"简历"字段,匹配选择"整个字段",即查找结果为定位简历字段仅为"组织能力强"的记录,故选 B。若匹配选择"字段的任何部分"则选 A。

(8)若在"tEmployee"表中查找所有姓"王"的人的记录,可以在查询设计视图的准则行中输入( )。(2005 年 9 月)

A. Like "王"   B. Like "王 * "

C. ="王"   D. ="王 * "

【答案】B

【解析】用" * "表示该位置可匹配零或多个字符。"tEmployee"表中查找所有姓"王"的记录,对应"姓名"字段的正确准则表达式是 Like "王 * "。所以本题答案为 B。

巩 固 练 习

(1)在数据表的"查找"操作中,通配符"#"的使用方法是(　　)。
　　A. 通配任意一个数字　　　　　　　　B. 通配任意多个数字
　　C. 通配任意一个字母　　　　　　　　D. 通配任意多个字母
(2)下列关于货币数据类型的叙述中,错误的是(　　)。
　　A. 货币型字段的长度为 8 个字节
　　B. 货币型数据等价于具有单精度属性的数字型数据
　　C. 向货币型字段输入数据时,不需要输入货币符号
　　D. 货币型数据与数字型数据混合运算后的结果为货币型
(3)下列关于索引的叙述中,正确的是(　　)。
　　A. 索引可以提高数据输入的效率
　　B. 索引可以提高记录查询的效率
　　C. 任意类型字段都可以建立索引
　　D. 建立索引的字段取值不能重复
(4)某数据表中有 5 条记录,其中"编号"为文本型字段,其值分别为:129、97、75、131、118,若按该字段对记录进行降序排序,则排序后的顺序应为:(　　)。
　　A. 75、97、118、129、131　　　　　B. 118、129、131、75、97
　　C. 131、129、118、97、75　　　　　D. 97、75、131、129、118
(5)若"学生基本情况"表中政治面貌为以下四种之一:群众、共青团员、党员和其他,为提高数据输入效率,可以设置字段的属性是(　　)。
　　A. 显示控件　　　　　　　　　　　　B. 有效性规则
　　C. 有效性文本　　　　　　　　　　　D. 默认值
(6)若限制字段只能输入数字??? 0??? ~??? 9,则应使用的输入掩码字符是(　　)。
　　A. X　　　　　B. A　　　　　C. 0　　　　　D. 9
(7)下列关于字段大小属性的叙述中,错误的是(　　)。
　　A. 字段大小属性用于限制输入到字段中值的最大长度
　　B. 字段大小属性只适用于文本或自动编号类型的字段
　　C. 文本型字段的字段大小属性可以在数据表视图中设置
　　D. 自动编号型的字段大小属性不能在数据表视图中设置
(8)下列关于输入掩码属性的叙述中,正确的是(　　)。
　　A. 可以使用向导定义各种类型字段的输入掩码
　　B. 可在需要控制数据输入格式时选用输入掩码
　　C. 只能设置文本和日期/时间两种类型字段的输入掩码
　　D. 日期/时间型字段不能使用规定的字符定义输入掩码
(9)下列关于 Null 值的叙述中,正确的是(　　)。

A. Null 值等同于数值 0　　　　　　　　B. Access 不支持 Null 值
C. Null 值等同于空字符串　　　　　　　D. Null 值表示字段值未知

(10) 如果在查询条件中使用通配符"[ ]",其含义是(　　)。
A. 错误的使用方法　　　　　　　　　　B. 通配任意长度的字符
C. 通配不在括号内的任意字符　　　　　D. 通配方括号内任一单个字符

(11) 在设计表时,若输入掩码属性设置为"LLLL",则能够接收的输入是(　　)。
A. abcd　　　　B. 1234　　　　C. AB+C　　　　D. ABa9

(12) 在文本型字段的"格式"属性中,若使用"@;男",则下列叙述正确的是(　　)。
A. @代表所有输入的数据　　　　　　　B. 只可以输入字符"@"
C. 必须在此字段输入数据　　　　　　　D. 默认值是"男"一个字

第 3 章 查 询

为了获取有用的信息,需要对数据库中存放的数据进行统计和分析。查询是对数据进行检索并对数据进行分析、计算、更新,以及其他加工处理的数据库对象。查询的结果还可以作为窗体、报表等其他数据库对象的数据源。

本章主要介绍查询的功能、查询的分类及各类查询的创建方法。

3.1 查询概述

Access 提供了多种功能强大的查询工具,利用它们不仅可以从表或其他查询中检索、更新数据,还能将查询结果以表的形式保存到数据库中。

3.1.1 查询的概念和功能

查询是 Access 数据库的对象之一,它能按照事先设定好的查询条件来查找符合条件的数据,并以表的形式动态显示出来。创建查询后,保存的只是查询的操作,只有在运行查询时,Access 才会将数据从数据源表的数据中抽取出来并创建它。一旦关闭查询,查询的动态集就会自动消失。

一般而言,查询具有以下功能。

① 选择数据。选择数据包括选择字段和选择记录两个方面。利用此功能,既可以选择一个表中的不同字段来生成所需的多个数据的集合,也可以选择来自多个表的字段,并能根据指定的条件查找所需的记录。

② 分析与计算。查询不仅可以选择数据,还可以对数据表中的数据进行各种统计计算,如计算某个学生的平均成绩。通过将经常处理的原始数据及统计计算设计成为查询,可以大大简化数据的处理工作。用户不必每次都在原始数据上进行操作,从而提高了整个数据库的性能。

③ 编辑记录与建立新表。利用 Access 的查询操作功能可以添加、修改和删除表中的记录,并能将查询的结果以数据表的形式保存起来。

④ 为窗体或报表提供数据。因为查询是经过处理的数据集合,因而适合作为数据源并通过窗体或报表提供给用户。

3.1.2 查询的分类

Access 为用户提供了五种类型的查询,分别是选择查询、交叉表查询、参数查询、操作查询和 SQL 查询。这些查询的应用目标不同,在建立、执行的方式及完成的功能上也各有不同。

1. 选择查询

选择查询是最常见的查询类型,它从一个或多个表中检索数据并显示结果,也可以使用选择查询来对记录进行分组,并对记录作总计、计数、平均值以及其他类型的计算。

2. 交叉表查询

使用交叉表查询可以汇总数据字段的内容,汇总计算的结果显示在行与列交叉的单元格中。交叉表查询可以计算平均值、总计、最大值和最小值等。

3. 参数查询

参数查询是根据用户输入的条件或参数来检索记录的查询。在执行时会弹出自定义的对话框以提示用户输入,系统会根据用户输入的信息执行查询,找出符合条件的记录。

4. 操作查询

操作查询可以更改表中的数据或生成新的数据表。常见的有四种类型的操作查询。

① 删除查询。从一个或多个表中删除一组记录。例如,从"选课信息"表中删除成绩不及格的学生记录。

② 更新查询。对一个或多个表中的一组记录做全局的更改。例如,在"课程信息"表中,将所有记录的"学分"字段增加 10。

③ 追加查询。将一个或多个表中的一组记录添加到一个或多个表的末尾。

④ 生成表查询。可以根据一个或多个表中的全部或部分数据新建表。例如,找出"学生信息"表性别为"女"的学生记录,并将检索结果生成一个新表。

5. SQL 查询

SQL 查询是用户使用 SQL 语句创建的查询。SQL 语言是一种结构化查询语言(Structured Query Language,SQL),可以查询、更新和管理 Access 数据库。

在查询设计视图中创建查询时,Access 将在后台构造等效的 SQL 语句。事实上,这些交互查询功能都有相应的 SQL 语句与之对应。如果需要,可以在 SQL 视图中查看和编辑 SQL 语句,通常称之为 SQL 特定查询。SQL 特定查询包括联合查询、传递查询、数据定义查询和子查询四种。

① 联合查询。将一个或多个表、一个或多个查询组合成一个查询结果的查询。

② 传递查询。把指令发送到 ODBC 数据库服务器中,由另一个数据库来执行的查询,也可以直接对服务器上的表进行检索或更改。

③ 数据定义查询。用户可以创建、更改或删除数据库中的表,也可以在当前数据库中创建索引。

④ 子查询。查询包含 SQL 查询语句的查询。当一个查询要使用另一个查询的查询结果时,往往要用到子查询。例如,查询个人平均成绩小于所有人平均成绩的学生记录。

3.2 查询的条件

在建立查询时,可以通过设置查询条件来实现对查询范围和结果的限定。查询条件是运算符、常量、字段值、函数、字段名和属性等组合而成的表达式。

查询条件在创建带条件的查询时经常用到,因此,必须了解条件的设置和使用方法。

3.2.1 运算符

Access 提供了许多运算符来完成各种形式的运算和处理。根据运算对象及运算结果的数据类型的不同,可将运算符分为关系运算符、逻辑运算符和特殊运算符,这三种运算符及其含义如表 3.1～表 3.3 所示。

表 3.1 关系运算符及含义

关系运算符	含义	示例
=	等于	2=3(False)
<	小于	1<2 (True)
>	大于	2>1 (True)
<>	不等于	1<>6 (True)
<=	小于等于	6<=5 (False)
>=	大于等于	"A">="B" (False)

表 3.2 逻辑运算符及含义

逻辑运算符	含义	示例
Not	逻辑非,当 Not 连接的表达式为真时,整个表达式为假	Not 3>1 (False)
And	逻辑与,只有当 And 连接的表达式均为真时,整个表达式才为真,否则为假	1<2 And 2>3 (False)
Or	逻辑或,只有当 Or 连接的表达式均为假时,整个表达式才为假,否则为真	1<2 Or 2>3 (True)

表 3.3 特殊运算符及含义

特殊运算符	含义	示例
In	确定某个字符串值是否在一组字符串值内	In("A,B,C") 等价于"A" or "B" or "C"
Between…And…	判断表达式的值是否在指定 A 和 B 之间的范围,A 和 B 可以是数字型、日期型和文本型	Between 1 And 10 指的是 1 到 10 间(包括 1 和 10)的数字
Like	判断字符串是否符合某一样式,若符合,其结果为 True,否则结果为 False	Like "李 * " 指所有姓李的人
Is Null	用于指定一个字段为空	
Is Not Null	用于指定一个字段非空	

3.2.2 函数

Access 提供了大量的内置函数,利用函数可以实现数据的运算或转换。每一个函数都有特定的功能,函数包含了若干个参数,有唯一一个函数值(返回值)。标准函数使用形式如下。

函数名(<参数 1>,<参数 2>[,<参数 3>][,<参数 4>]……)

其中,函数名是必不可少的。函数的参数放在圆括号中,可以是常量、变量、表达式或其他函数;参数可以是一个或多个,有些函数没有参数;如果函数有多个参数,在参数之间用逗号

","分开。函数在被调用时,都会有一个返回值作为函数计算的结果。

注意:函数的参数和返回值都具有特定的数据类型。

常用函数如下。

1. 算术函数

算术函数主要用于完成数学计算功能,其参数往往都是数字型数据。常用的算术函数及其含义如表 3.4 所示。

表 3.4　算术函数及含义

算术函数	含义
Abs(算术表达式)	返回算术表达式的绝对值
Int(算术表达式)	返回算术表达式的整数部分
Sqr(算术表达式)	返回算术表达式的平方根
Sgn(算术表达式)	返回算术表达式的符号值。算术表达式>0,返回 1;=0,返回 0;<0,返回-1

2. 字符函数

字符函数一般用于字符型数据的处理。常用的字符函数及其含义如表 3.5 所示。

表 3.5　字符函数及含义

字符函数	含义
Space(数值表达式)	返回由数值表达式的值确定的空格个数组成的空字符串
String(字符串表达式,数值表达式)	返回由字符串表达式的第一个字符重复组成的指定长度为数值表达式的值的字符串
Left(字符串表达式,数值表达式)	从字符串左边起截取长度为表达式的字符串
Right(字符串表达式,数值表达式)	从字符串右边起截取长度为表达式的字符串
Len(字符串表达式)	返回字符串表达式的字符个数,如字符串为 Null,返回 Null
Ltrim(字符串表达式)	去掉字符串表达式左边的空格
Rtrim(字符串表达式)	去掉字符串表达式右边的空格
Trim(字符串表达式)	去掉字符串表达式两边的空格
Mid(字符串表达式,数值表达式 1,数值表达式 2)	返回字符串表达式从左边算起的数值表达式 1 的位置开始,截取长度为数值表达式 2 的字符串

3. 日期/时间函数

日期/时间函数主要用来处理日期和时间,其参数一般是日期/时间型数据。日期/时间函数及其含义如表 3.6 表示。

表 3.6　日期/时间函数及含义

日期/时间函数	含义
Day(date)	返回给定日期 1~31 的值,表示给定日期是一个月中的哪一天
Month(date)	返回给定日期 1~12 的值,表示给定日期是一年中的哪个月
Year(date)	返回给定日期 100~9999 的值,表示给定日期是哪一年
Weekday(date)	返回给定日期 1~7 的值,表示给定日期是一周中的哪一天
Hour(date)	返回给定日期 0~23 的值,表示给定时间是一天中的哪个钟点
Date()	返回当前系统日期

4. 统计函数

统计函数及其含义如表 3.7 所示。

表 3.7　统计函数及含义

统计函数	含义
Sum(字符串表达式)	返回字符串表达式的总和,字符串表达式一般是一字段名
Avg(字符串表达式)	返回字符串表达式的平均值,字符串表达式一般是一字段名
Count(字符串表达式)	统计记录个数,字符串表达式一般是一字段名
Max(字符串表达式)	返回字符串表达式的最大值,字符串表达式一般是一字段名
Min(字符串表达式)	返回字符串表达式的最小值,字符串表达式一般是一字段名

此外,Access 还提供了条件函数、检索字段值函数等其他类型的函数,以实现数据的检索等计算。

3.2.3　表达式

表达式是许多 Access 操作的基本组成部分,由值、运算符以及函数等连接而成。表达式在查询中的应用规则如下。

1. 表达式的基本符号

① [ ]:将窗体、报表、字段或控件的名称用方括号括起来。

② ♯:将日期用该符号括起来。

③ "":将文本用双引号括起来。

④ &:可以将两个文本连接为一个文本串。

⑤ !:是一种对象运算符,用来指示随后将出现的项目类型,该运算符引出用户定义的项,如引用打开着的表中的字段、窗体或报表上的控件。例如,[学生信息]![姓名]是指引用打开着的表对象"学生信息"上的"姓名"字段。

⑥ .:是一种对象运算符,用来指示随后将出现的项目类型,该运算符引出 Access 定义的项,如引用窗体、报表或控件的属性。例如,Forms![Stu]![Text1].Caption 是指引用 Stu 窗体上 Text1 控件的 Caption 属性。

2. 查询条件表达式的规则

① 表达式中的文本值应使用半角的双引号"""括起来,日期时间值应使用半角的井号"♯"括起来。

② 表达式中的字段名必须用方括号"[]"括起来。

③ 表达式中使用的数据类型应与对应的字段数据类型相符合,否则会出现数据类型不匹配的错误。

④ 如果表达式中不输入等号"="运算符,查询设计视图会自动插入等号"="运算符。

⑤ 在同一行("条件"行或"或"行)的不同列输入的多个查询条件彼此间是逻辑"与"(AND)关系;在不同行输入的多个查询条件彼此间是逻辑"或"(OR)关系。如果行与列同时存在,则行与列的优先级为行>列。

3.3 创建选择查询

选择查询是最常见、最重要的一种查询,它从一个或多个表中根据查询准则检索数据,从而将一个或多个表中的数据集合在一起。选择查询不仅可以完成数据的筛选、排序等操作,还可以对数据进行计算和汇总统计。选择查询是创建其他类型查询的基础。

一般情况下建立查询的方法有两种:查询向导和设计视图。查询向导与表向导类似,适用于比较简单的查询,操作简单、方便。但对于需要设置查询条件的查询,使用查询向导就无法实现了。使用设计视图既能创建有条件的查询,又可以方便地修改已有查询。本节主要介绍使用设计视图创建选择查询,以及在查询中进行计算的方法。

3.3.1 使用"设计视图"

在 Access 中,有设计视图、数据表视图、SQL 视图、数据透视表视图和数据透视图视图五种查询视图。

1. 查询的设计视图

在查询设计视图窗口可以创建和修改查询,完成添加数据源、选择查询字段、输入查询准则、选择排序方式、设置查询属性等操作。查询设计视图窗口如图 3.1 所示。

图 3.1 查询设计视图窗口

查询设计视图窗口分为上下两部分:上半部分为字段列表区,显示所选表的所有字段;下半部分为设计网格区,每一列对应查询动态集中的每一个字段,而每一行对应字段的一个属性或要求。每行的作用如表 3.8 所示。

表 3.8 查询设计网格中行的作用

行的名称	作用
字段	查询所需要的字段(每个查询至少包含一个字段)
表	指定查询的数据源,这里的数据源可以是表也可以是查询
排序	用于确定查询所采用的排序方法
显示	利用复选框确定字段是否在数据表视图中显示
条件	指定查询的条件或准则
或	用于输入准则或条件来限定记录的选择

2. 创建不带条件的查询

【例 3.1】 查询每名学生的选课成绩,并显示"学号"、"姓名"、"课程编号"、"课程名称"和"成绩"字段,所建查询为"学生选课成绩"。

具体操作步骤如下。

(1) 打开"学籍管理"数据库,单击"创建"选项卡,再单击"查询"组中的"查询设计"按钮,如图 3.2 所示。此时,打开查询设计视图,并弹出一个"显示表"对话框,如图 3.3 所示。

图 3.2 查询设计视图窗口

图 3.3 "显示表"对话框

(2) 选择数据源。在"显示表"对话框中选择"表"选项卡,然后选择"学生信息"表,再单击"添加"按钮,或直接双击"学生信息"表,这时"学生信息"表的字段列表就添加到了查询设计视图上半部分的字段列表区中;再以相同的方法将"课程信息"表和"选课信息"表也添加到字段列表区中。最后单击"关闭"按钮退出"显示表"对话框。

(3) 选择字段。选择字段有三种方法:第一种方法是直接双击所需的字段;第二种方法是单击所需字段,然后按住鼠标左键不放,将其拖到设计网格中的"字段"行上;第三种方法是单击设计网格中"字段"行上要放置字段的列的下拉按钮,从其下拉列表中选择所需的字段。

这里分别双击"学生信息"字段列表中的"学号"、"姓名"字段,"课程信息"字段列表中的"课程编号"、"课程名称"字段,"选课信息"字段列表中的"成绩"字段,将它们分别添加到"字段"行的对应列上,如图 3.4 所示。

73

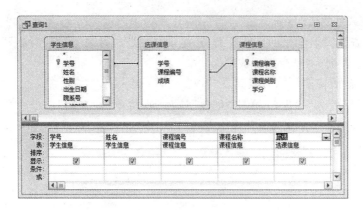

图 3.4　添加字段

设计网格中的"显示"行用来确定对应的字段是否在查询结果中显示。当勾选复选框时，表示显示该字段。如果有些字段只是作为条件使用，不需要在查询结果中显示，则应取消勾选的复选框。

（4）单击快速访问工具栏上的"保存"按钮，在弹出的"另存为"对话框的"查询名称"文本框中输入"学生选课成绩"，然后单击"确定"按钮，保存完成，如图 3.5 所示。

图 3.5　"另存为"对话框

（5）单击"设计"选项卡，单击"结果"组上的"视图"按钮 或 "运行"按钮 ，可以切换到"数据表视图"，显示了"学生选课成绩"查询的运行结果。

3. 创建带条件的查询

带条件查询需要通过查询设计视图来建立，在设计视图的"条件"行输入查询条件，运行查询时就会从指定的表中筛选出符合条件的记录。

【例 3.2】　建立"高等数学成绩"，查询"高等数学"课程的成绩在 80 分以上（包含 80 分）的学生信息，显示学生的"学号"、"姓名"、"课程名称"和"成绩"字段，并按"成绩"字段降序显示查询结果。

具体操作步骤如下。

（1）单击"创建"选项卡，再单击"查询"组中的"查询设计"按钮。在"显示表"对话框中将"学生信息"表、"课程信息"表和"选课信息"表添加到查询设计视图的字段列表区中，关闭"显示表"对话框。

（2）分别双击学号、姓名、课程名称、成绩字段，将其添加到"字段"行中。

（3）在"课程名称"字段的"条件"行中输入条件表达式"高等数学"，在"成绩"字段的"条件"行中输入条件表达式">=80"，在"成绩"字段的"排序"行中选择"降序"，如图 3.6 所示。

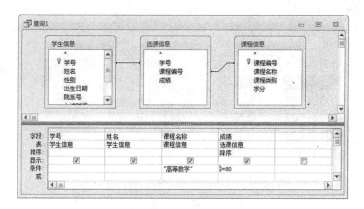

图 3.6　查询设计视图

（4）保存查询，并命名为“高等数学成绩”。

（5）切换到数据表视图，查询结果如图 3.7 所示。

高等数学成绩

学号	姓名	课程名称	成绩
20041005	臧天朔	高等数学	87
20021004	舒华	高等数学	83
20041002	汪桂花	高等数学	82
20041001	张成	高等数学	81
20021002	刘流	高等数学	81

记录: 第 1 项(共 5 项)　无筛选器　搜索

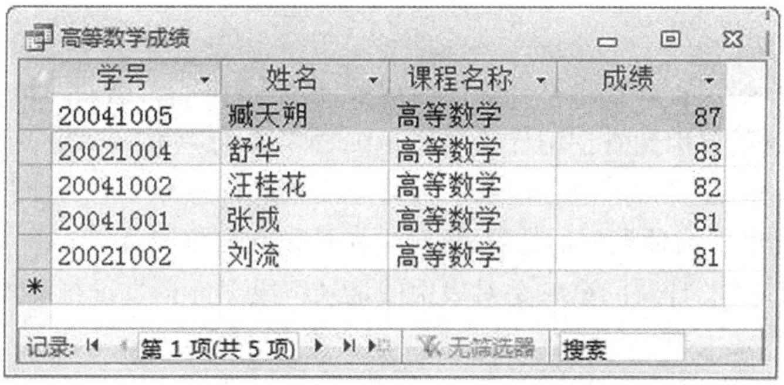

图 3.7　查询结果

【例 3.3】　查询计算机系的男生和英语系的女生，并显示“学号”、“姓名”、“性别”、“院系名称”字段。

此题中，计算机系的男生、英语系的女生两组条件是“或”的关系，应将其中一组条件放在“或”行。在“设计视图”中的设计过程如图 3.8 所示，查询结果如图 3.9 所示。

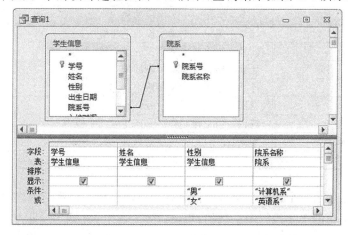

图 3.8　使用“或”行设置条件

图 3.9　查询结果

3.3.2　在查询中进行计算

1. 查询计算功能

在实际应用中,除了查询获得符合条件的记录,还常常需要对查询的结果进行求和、计数、求平均值等计算,这就要用到查询的计算功能。Access 查询中可以利用设计网格中的"总计"行进行各种统计计算,还可以通过创建新的计算字段来进行各种类型的计算。

Access 查询提供了两种类型的计算,即预定义计算和自定义计算。

预定义计算又称"总计"计算,它是对表中的记录组或全部记录进行统计计算的查询,包括合计、平均值、计数、最大值、最小值等。

在查询设计视图中,单击"设计"选项卡,再单击"显示/隐藏"组中的"汇总"按钮,在查询设计视图的设计网格中会显示"总计"行。"总计"行中共有 12 个总计项,常用项的名称和功能如表 3.9 所示。

表 3.9　总计项名称及功能

名称	功能
Group By	指定进行数值汇总的分组字段
合计	计算一组记录中某字段的和
平均值	计算一组记录中某字段的平均值
最大值	计算一组记录中某字段的最大值
最小值	计算一组记录中某字段的最小值
计数	计算一组记录中某字段中非空值个数
First	返回一组记录中第一条记录的字段值
Last	返回一组记录中最后一条记录的字段值
Expression	用来在"字段"行中建立计算字段
Where	指定不用于分组的字段条件

自定义计算是使用一个或多个字段的值进行计算。自定义计算的创建方法就是直接将表达式输入到设计网格的空字段行中。例如,想要计算出学生入校年份,只要在查询"设计视图"新的一列的字段行输入表达式"year([入校时间])"即可。

2. 在查询中进行计算

【例 3.4】 以"学生信息"表为数据源,查询学生的总人数,并将查询命名为"学生人数"。

具体操作步骤如下。

(1) 单击"创建"选项卡,再单击"查询"组中的"查询设计"按钮。在"显示表"对话框中将"学生信息"表添加到查询设计视图的字段列表区中,关闭"显示表"对话框。

(2) 双击学号字段,将其添加到"字段"行中。

(3) 单击"设计"选项卡,再单击"显示/隐藏"组中的"汇总"按钮,设计网格中增加"总计"行。

(4) 单击"学号"字段对应的"总计"行单元格的下拉按钮,从下拉列表中选择"计数"选项,如图 3.10 所示。

(5) 保存查询,并命名为"学生人数"。

(6) 切换到数据表视图,查询结果如图 3.11 所示。

图 3.10 设置总计项　　　　图 3.11 "学生人数"查询结果

【例 3.5】 统计 1992 年出生的学生人数。

该查询的设计视图如图 3.12 所示。

图 3.12 查询的设计视图

在该查询中,"学号"字段的"总计"行设置为"计数",得到学生的人数;"出生日期"字段的"总计"行设置为"Where","条件"行输入"Year([出生日期])=1992"。

注意:"Where"总计项指定的字段不能出现在查询结果中,所以"出生日期"列只作为条件,并不参与计算。

3. 分组统计查询

在实际应用中,用户除了要对某个字段进行统计计算外,有时还需要把记录分组,然后对每一组的记录进行统计。分组统计时,只需在"设计视图"中将"总计"行设置"Group By"即可。

【例 3.6】 按"学生信息"表中的"院系号"统计学生人数,显示字段为"院系号"、"人数",将查询命名为"各院系学生人数"。

具体操作步骤如下。

(1)单击"创建"选项卡,再单击"查询"组中的"查询设计"按钮。在"显示表"对话框中将"学生信息"表添加到查询设计视图的字段列表区中,关闭"显示表"对话框。

(2)双击"院系号"、"学号"字段,将其添加到"字段"行中。

(3)单击"设计"选项卡,再单击"显示/隐藏"组中的"汇总"按钮,设计网格中增加"总计"行。

(4)单击"学号"字段对应的"总计"行单元格的下拉按钮,从下拉列表中选择"计数"选项,在该列"字段"行"学号"前输入"人数:"。查询设计视图如图 3.13 所示,查询结果如图 3.14 所示。

图 3.13 查询设计视图

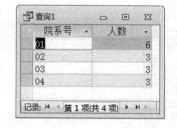

图 3.14 "各院系学生人数"查询结果

(5)单击"保存"按钮,在弹出的"另存为"对话框的"查询名称"文本框中输入"各院系学生人数",单击"确定"按钮。

4. 添加计算字段

在有些统计中,需要统计的字段并未出现在表中,或者用于计算的数据值来源于多个字段,此时需要在设计视图中添加一个新字段。新字段的值是根据一个或多个表中的一个或多个字段并使用表达式计算得到的,称为计算字段。

【例 3.7】 查找 2002 年入校学生的平均成绩,并显示"入校年份"和"平均成绩"。

具体操作步骤如下。

(1)在查询设计视图中添加"学生信息"和"选课信息"两个表。

(2)采用 year( )函数来获取入校年份。在"字段"行第一列单元格中输入"入校年份:year([入校时间])",在"总计"行选择"Group By";在"字段"行的第二列单元格中放置"选课信息"表中的"成绩"字段,在"总计"行选择"平均值",并在"成绩"字段名之前添加"平均成绩:"。查询设计视图如图 3.15 所示,查询结果如图 3.16 所示。

图 3.15　查询设计视图

图 3.16　查询结果

3.4　创建交叉表查询和参数查询

交叉表查询以行和列的字段作为标题和条件选取数据,并在行和列的交叉处对数据进行统计。交叉表查询为用户提供了非常清楚的汇总数据,便于用户分析和使用,这种功能是其他查询无法实现的。

参数查询是利用对话框,提示用户输入一个或多个查询参数,并检索符合所输入参数的记录。它在查询条件的输入上,表现得更为灵活。

3.4.1　认识交叉表查询

所谓交叉表查询就是将来源于某个表中的字段进行分组,一组列在数据表的左侧,一组列在数据表的上部,然后在数据表行与列的交叉处显示表中某个字段的各种计算值,如求和、计数和平均值等。

用户需要为交叉表查询指定以下三个字段。

① 行标题。行标题显示在第一列,位于数据表的最左边,它把某个字段的相关数据放入指定的一行中以便进行概括。

② 列标题。列标题位于数据表的顶端,它把某个字段的相关数据放入指定的一列中,显示在每列标题上的字段名。

③ 值字段。值字段是用户选择在交叉表查询中显示的字段,即行与列的交叉处显示的字段值的总计项,如总计、计数等。

3.4.2　创建交叉表查询

创建交叉表查询的方法有两种:交叉表查询向导和设计视图。下面分别介绍使用交叉表查询向导和设计视图创建交叉表查询的方法。

1. 使用交叉表查询向导

【例 3.8】　使用交叉表向导建立"学生人数交叉表查询",统计每个院系中男女生的人数。具体操作步骤如下。

(1) 单击"创建"选项卡,再单击"查询"组中的"查询向导"按钮。在弹出的"新建查询"对话框中选择"交叉表查询向导"选项,如图 3.17 所示。

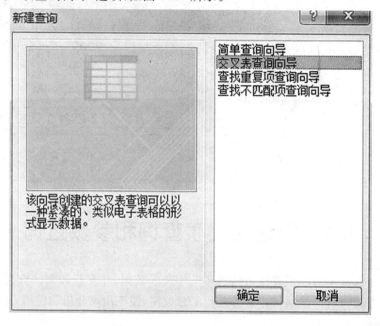

图 3.17 "新建查询"对话框

(2) 单击"确定"按钮后,弹出"交叉表查询向导"第一个对话框,在此对话框中选择查询的数据源"学生信息"表,如图 3.18 所示。

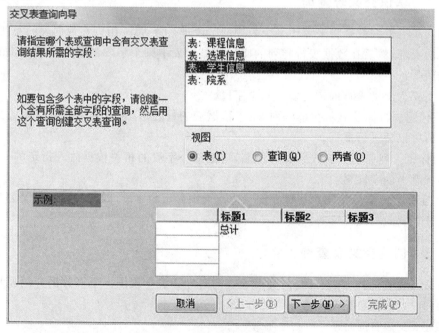

图 3.18 选择数据源

使用交叉表查询向导创建交叉表查询,查询的数据源必须来自一个表或一个查询。如果交叉表查询中包含多个表中的字段,用户应先建立一个含有所需全部字段的查询,然后利用该查询在交叉表查询向导中创建交叉表查询。

(3) 单击"下一步"按钮后,弹出"交叉表查询向导"第二个对话框,在此对话框中确定交叉表查询的行标题,如图 3.19 所示。

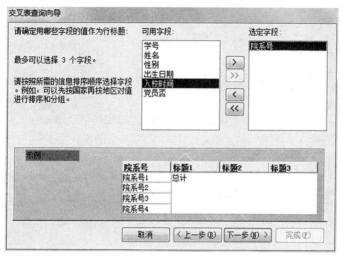

图 3.19　确定交叉表查询的行标题

行标题最多可以选择三个字段,这里选择"院系号"作为行标题。双击"可用字段"列表框中的"院系号"选项即可。

(4) 单击"下一步"按钮,弹出"交叉表查询向导"第三个对话框,在此对话框中确定交叉表查询的列标题,如图 3.20 所示。交叉表查询只能有一个列标题。选择"性别"字段作为列标题,单击选中列表框中的"性别"选项即可。

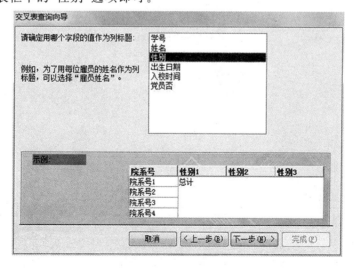

图 3.20　确定列标题

(5)单击"下一步"按钮后,弹出"交叉表查询向导"第四个对话框,在此对话框中确定交叉表查询的值,即行和列交叉处计算的数据,如图 3.21 所示。

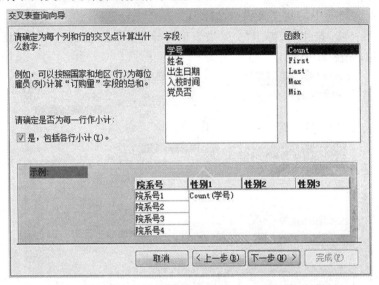

图 3.21 确定行和列交叉处的值

利用不同的函数可以对字段进行不同的统计操作。这里要求统计学生的人数,因此在"字段"列表框中选择"学号"选项,在"函数"列表框中选择"Count"选项。如果需要计算每个院系的总人数,则勾选"是,包括各行小计"复选框,否则取消勾选。

(6)单击"下一步"按钮后,弹出"交叉表查询向导"第五个对话框,在此对话框中确定交叉表查询的名称,如图 3.22 所示。

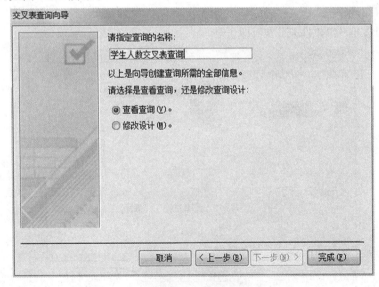

图 3.22 确定查询名称

在"请指定查询的名称"文本框中输入"学生人数交叉表查询",再选中"查看查询"单选按钮,最后单击"完成"按钮,查看查询结果,如图 3.23 所示。

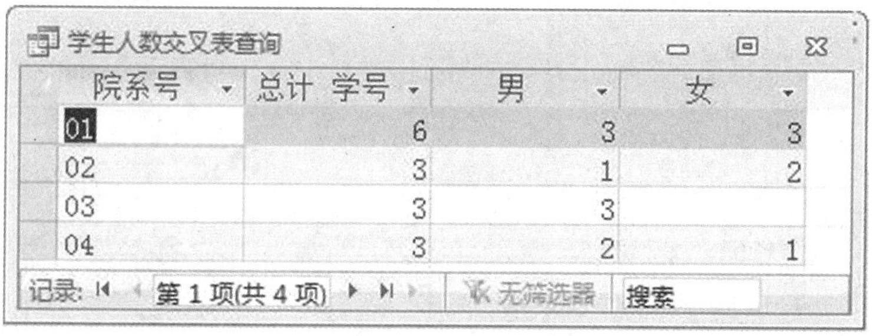

图 3.23 "学生人数交叉表查询"结果

2. 使用设计视图

【例 3.9】 使用设计视图建立交叉表查询"学生人数交叉表查询",统计每个院系中男女生人数。

具体操作步骤如下。

(1) 单击"创建"选项卡,再单击"查询"组中的"查询设计"按钮。在"显示表"对话框中将"学生信息"表添加到选择查询设计视图的字段列表中。

(2) 单击"设计"选项卡,再单击"查询类型"组中的"交叉表"按钮,此时查询设计视图如图 3.24 所示。

图 3.24 交叉表查询设计视图

(3) 将"院系号"、"性别"、"学号"字段添加到"字段"行。在"院系号"字段对应的"交叉表"行单元格中选择"行标题"选项,在"性别"字段对应的"交叉表"行单元格中选择"列标题"选项,在"学号"字段对应的"交叉表"行单元格中选择"值"选项,同时在该字段对应的"总计"行单元格中选择"计数"选项,如图 3.25 所示。

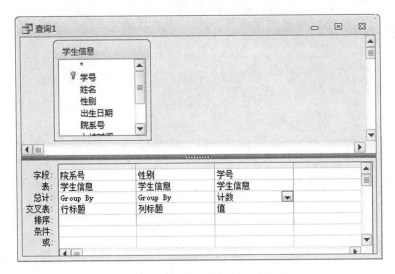

图 3.25 设置交叉表查询中的字段

(4) 切换到数据表视图,查看查询结果,如图 3.26 所示。

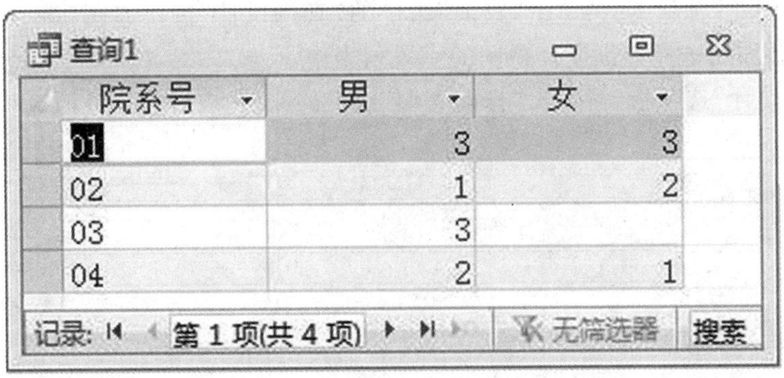

图 3.26 "学生人数交叉表查询"结果

(5) 保存查询,并命名为"学生人数交叉表查询"。

3.4.3 创建参数查询

前面所建立的查询,无论是内容,还是条件都是固定的。如果用户希望根据不同的条件来查找记录,就需要建立多个查询,这样做很麻烦。为了方便用户的查询,Access 提供了参数查询。

参数查询是动态的,它是利用对话框提示用户输入参数并检索符合所输入参数的记录或值。用户可以建立有一个参数提示的单参数查询,也可以建立有多个参数提示的多参数查询。下面将详细介绍建立参数查询的方法。

1. 单参数查询

创建单参数查询,就是在字段中指定一个参数,在执行参数查询时,输入一个参数值。

【例 3.10】 建立"学生学号查询",根据输入的学生学号查询该学生的信息,查询结果显示姓名、性别、出生日期、院系号、入校时间、党员否字段。

具体操作步骤如下。

(1) 单击"创建"选项卡,再单击"查询"组中的"查询设计"按钮。在弹出的"显示表"对话框中将"学生信息"表添加到选择查询设计视图的字段列表中。

(2) 分别双击字段学号、姓名、性别、出生日期、院系号、入校时间和党员否,将其添加到"字段"行中。在"学号"字段对应的"条件"行单元格中输入"[请输入学生学号:]"。其中"请输入学生学号:"为参数名,参数名必须放在"[ ]"中。单击该列"显示"行的复选框,取消该字段的显示,如图3.27所示。

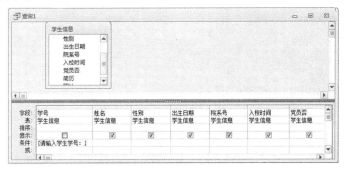

图3.27 参数查询设计

(3) 单击"设计"选项卡,单击"结果"组中的"视图"按钮或"运行"按钮,弹出"输入参数值"对话框,输入查询参数"20011002",如图3.28所示,单击"确定"按钮,查询结果如图3.29所示。

图3.28 "输入参数值"对话框

图3.29 "学生学号查询"结果

(4) 保存查询,并命名为"学生学号查询"。

2. 多参数查询

在Access中不但可以创建一个参数提示的单参数查询,还可以创建包含多个参数的多参数查询。

【例 3.11】 建立"课程信息查询",查询不同课程类别不同学分的课程信息,显示"课程编号"、"课程名称"、"课程类别"、"学分"等字段。

该查询是以"课程信息"表为数据源建立的多参数查询,具体操作步骤如下。

(1) 单击"创建"选项卡,再单击"查询"组中的"查询设计"按钮。在弹出的"显示表"对话框中将"课程信息"表添加到选择查询设计视图的字段列表中。

(2) 将所需字段添加到选择查询设计视图设计网格区。在"课程类别"字段对应的"条件"行单元格中输入"[请输入课程类别:]",在"学分"字段对应的"条件"行单元格中输入"[请输入学分:]",如图 3.30 所示。

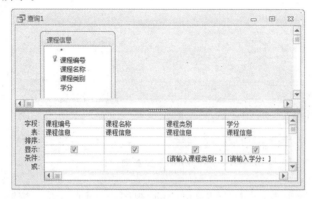

图 3.30 多参数查询设计

(3) 单击"设计"选项卡,单击"结果"组中的"视图"按钮或"运行"按钮,弹出"输入参数值"对话框,如图 3.31 所示。输入查询参数,单击"确定"按钮,此时弹出第二个"输入参数值"对话框,如图 3.32 所示。输入查询参数,单击"确定"按钮后,显示查询结果,如图 3.33 所示。

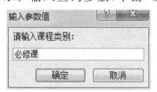 

图 3.31 第一个参数提示框　　　图 3.32 第二个参数提示框

图 3.33 "课程信息查询"结果

(4) 保存查询,并命名为"课程信息查询"。

3.5 创建操作查询

在对数据库进行维护时,常常需要对一条或多条记录同时进行删除、修改、追加、生成新表等操作,这些操作既要检索记录,又要更新记录,操作查询就可以实现这样的功能。操作查询分为生成表查询、删除查询、更新查询、追加查询四种。

3.5.1 生成表查询

生成表查询是利用一个或多个表中的全部或部分数据创建一个新表。在 Access 中,从表中访问数据要比从查询中访问数据更快,因此,如果需要经常从多个表中提取数据,最有效的方法就是使用生成表查询,将从多个表中提取的数据生成一个新表进行保存。

【例 3.12】 将计算机原理课程的成绩存储到一个新表中,表名为"计算机原理课程成绩",表中包含"学号"、"姓名"、"课程名称"、"成绩"等字段。

具体操作步骤如下。

(1) 单击"创建"选项卡,再单击"查询"组中的"查询设计"按钮。在弹出的"显示表"对话框中将"学生信息"表、"课程信息"表、"选课信息"表添加到查询设计视图的字段列表中。

(2) 单击"设计"选项卡,再单击"查询类型"组中的"生成表"按钮,此时弹出"生成表"对话框,在"表名称"文本框中输入新表的名称"计算机原理课程成绩",选中"当前数据库"单选按钮,如图 3.34 所示。

图 3.34 "生成表"对话框

(3) 单击"确定"按钮,进入生成表查询设计视图。将所需字段添加到相应的字段行,在"课程名称"字段对应的"条件"行单元格中输入查询条件表达式"计算机原理",如图 3.35 所示。

图 3.35 生成表查询设计视图

(4) 单击"设计"选项卡,单击"结果"组中的"运行"按钮,此时弹出一个生成表提示框,如图 3.36 所示。

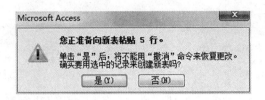

图 3.36　生成表提示框

(5) 单击“是”按钮，Access 生成新表“计算机原理课程成绩”。双击打开该表，显示表的内容如图 3.37 所示。

计算机原理课程成绩

学号	姓名	课程名称	成绩
20011001	王希	计算机原理	77
20011002	王冠	计算机原理	88
20011003	陈风	计算机原理	76
20011004	张进	计算机原理	67
20011005	张保国	计算机原理	78

记录: 第 1 项(共 5 项)　无筛选器　搜索

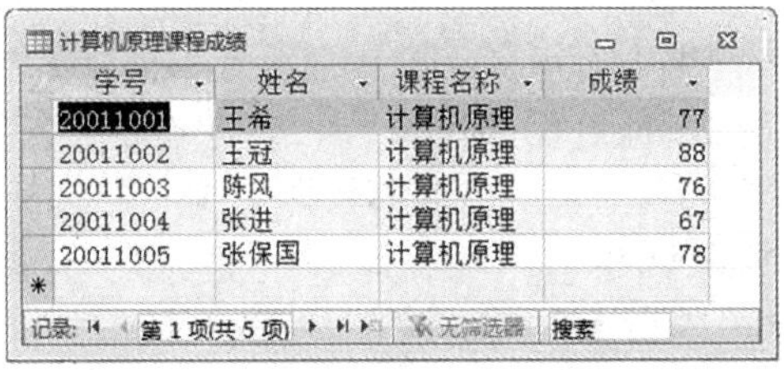

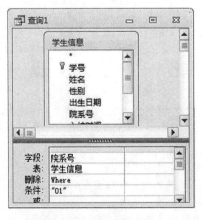

图 3.37　“计算机原理课程成绩”表

3.5.2　删除查询

删除查询是利用查询从一个或多个表中删除符合条件的记录，需要注意的是删除后的记录无法恢复。

【例 3.13】　删除“01”学院的学生信息。

具体操作步骤如下。

(1) 单击“创建”选项卡，再单击“查询”组中的“查询设计”按钮。在弹出的“显示表”对话框中将“学生信息”表添加到查询设计视图的字段列表中。

(2) 单击“设计”选项卡，再单击“查询类型”组中的“删除”按钮。

(3) 将“院系号”字段添加到“字段”行中，在“条件”行单元格中输入删除条件表达式“01”，如图 3.38 所示。

图 3.38　设置删除条件

(4) 单击工具栏上的“运行”按钮,此时弹出一个删除提示框,如图 3.39 所示。

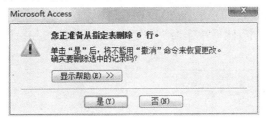

图 3.39 删除提示框

(5) 单击“是”按钮,此时“学生信息”表的记录由图 3.40 所示变为图 3.41 所示。

学生信息

学号	姓名	性别	出生日期	院系号	入校时间	党员
20011001	王希	男	1992/3/1	02	2001/9/1	
20011002	王冠	男	1995/3/1	03	2001/9/4	
20011003	陈风	女	1994/3/1	01	2001/9/11	
20011004	张进	女	1991/3/1	01	2001/9/2	
20011005	张保国	男	1996/3/1	01	2001/9/2	
20021001	王小青	女	1995/3/1	02	2002/9/5	
20021002	刘流	男	1995/3/1	04	2002/9/1	
20021003	孙青青	女	1994/3/1	01	2002/9/4	
20021004	舒华	男	1992/3/1	03	2002/9/7	
20021005	陈进	男	1993/3/1	03	2002/9/3	
20041001	张成	男	1994/3/1	01	2004/9/1	
20041002	汪桂花	女	1995/3/1	02	2004/9/1	
20041003	张军	男	1995/3/1	04	2004/9/1	
20041004	张小青	女	1995/3/1	04	2004/9/1	
20041005	臧天朔	男	1993/3/1	01	2004/9/8	

记录: 第 1 项(共 15 项) 无筛选器 搜索

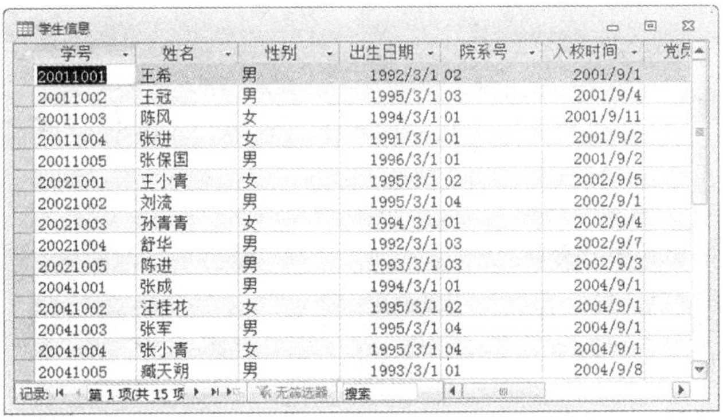

图 3.40 执行删除查询前的“学生信息”表

学生信息

学号	姓名	性别	出生日期	院系号	入校时间
20011001	王希	男	1992/3/1	02	2001/9/1
20011002	王冠	男	1995/3/1	03	2001/9/4
20021001	王小青	女	1995/3/1	02	2002/9/5
20021002	刘流	男	1995/3/1	04	2002/9/1
20021004	舒华	男	1992/3/1	03	2002/9/7
20021005	陈进	男	1993/3/1	03	2002/9/3
20041002	汪桂花	女	1995/3/1	02	2004/9/1
20041003	张军	男	1995/3/1	04	2004/9/1
20041004	张小青	女	1995/3/1	04	2004/9/1

记录: 第 1 项(共 9 项) 无筛选器 搜索

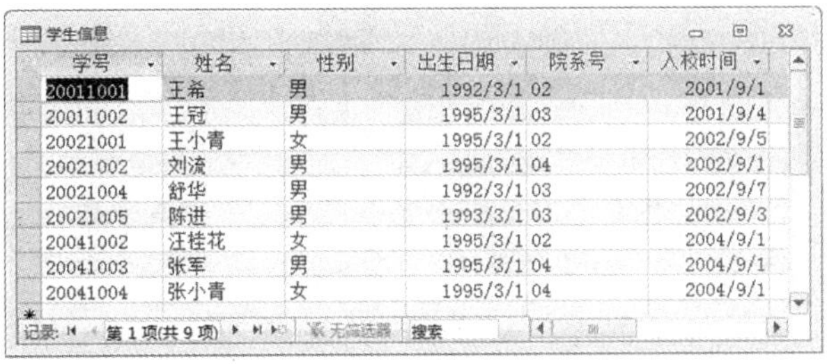

图 3.41 执行删除查询后的“学生信息”表

3.5.3 更新查询

更新查询是利用查询对一个或多个表的记录进行更新和修改。在实际应用中,用户常常需要修改大批量的数据,或是进行有规律的数据输入,此时最简单有效的方法就是利用更新查询进行操作。

注意: 更新后的记录无法恢复,并且每执行一次更新查询都会对源表更新一次。

【例 3.14】 将学分为 6 的课程增加到 8 学分。

具体操作步骤如下。

(1) 单击“创建”选项卡,然后单击“查询”组中的“查询设计”按钮。在弹出的“显示表”对话框中将“课程信息”表添加到查询设计视图的字段列表中。

(2) 单击“设计”选项卡,然后单击“查询类型”组中的“更新”按钮。

(3) 将"学分"字段添加到"字段"行中，在"学分"字段对应的"条件"行单元格中输入条件表达式"6"，在"学分"字段对应的"更新到"行单元格中输入改变的字段值"8"，如图 3.42 所示。

(4) 单击"设计"选项卡，然后单击"结果"组中的"运行"按钮，此时弹出一个更新提示框，如图 3.43 所示。

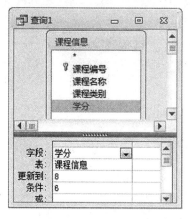

图 3.42　设置更新查询

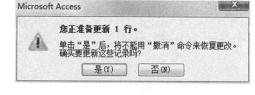

图 3.43　更新提示框

(5) 单击"是"按钮，Access 开始更新符合条件的记录，一旦更新将无法恢复，更新前的"课程信息"表的记录如图 3.44 所示，更新后的效果如图 3.45 所示。

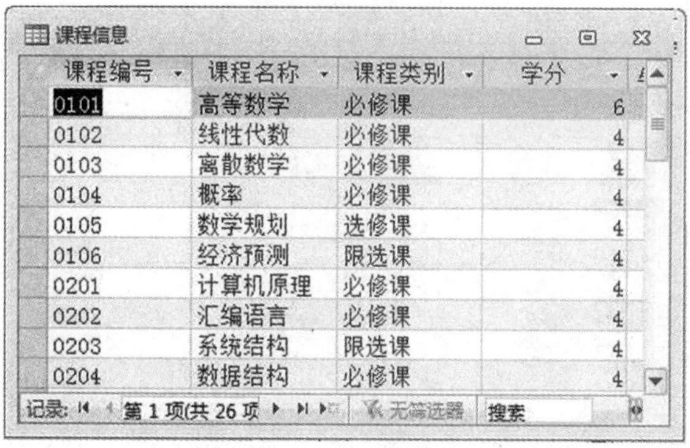

图 3.44　执行更新查询前的"课程信息"表

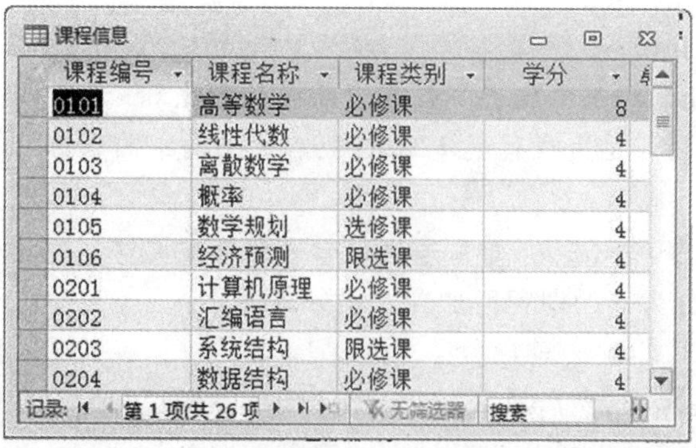

图 3.45　执行更新查询后的"课程信息"表

3.5.4 追加查询

追加查询是将一个表中的部分或全部记录追加到另一个表的末尾。

【例 3.15】 利用"院系"表(如图 3.46 所示)和"院系 1"表(如图 3.47 所示)创建追加查询,将"院系"表的记录追加到"院系 1"表中。

图 3.46 "院系"表　　　　图 3.47 "院系 1"表

具体操作步骤如下。

(1) 单击"创建"选项卡,然后单击"查询"组中的"查询设计"按钮。在弹出的"显示表"对话框中将"院系"表添加到查询设计视图的字段列表中。

(2) 单击"设计"选项卡,然后单击"查询类型"组中的"追加"按钮。在弹出的"追加"对话框的"表名称"下拉列表中选择"院系 1"选项,单击"当前数据库"单选按钮,如图 3.48 所示。

(3) 单击"确定"按钮,打开追加查询设计视图。将所需字段添加到相应的"字段"行,如图 3.49 所示。

图 3.48 "追加"对话框图　　　　图 3.49 追加查询设计视图

(4) 单击"设计"选项卡,然后单击"结果"组中的"运行"按钮,此时弹出一个追加提示框,如图 3.50 所示。

(5) 单击"是"按钮,Access 开始将符合条件的一组记录追加到"院系 1"表中,一旦追加将无法恢复所做更改,此时"院系 1"表的记录更改结果如图 3.51 所示。

图 3.50 追加提示框

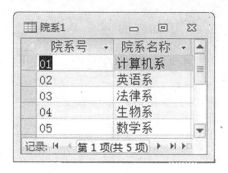
图 3.51 执行追加查询后的"院系 1"表

3.6 创建 SQL 查询

3.6.1 SQL 语言简介

结构化查询语言(Structured Query Language,SQL)是一种关系数据库语言,其主要功能是数据定义、数据查询、数据操纵和数据控制。SQL 语言设计巧妙,语言简单,只用了九个动词就可以完成其四大核心功能,如表 3.10 所示。

表 3.10 SQL 的动词

SQL	功能动词
数据定义	CREATE,DROP,ALTER
数据查询	SELECT
数据操纵	INSERT,UPDATE,DELETE
数据控制	GRANT,REVOKE

Access 中的查询与 SQL 语句是一一对应的,查询过程的实质就是生成多条 SQL 语句,查询设计视图与 SQL 语句的对应关系如图 3.52 所示。

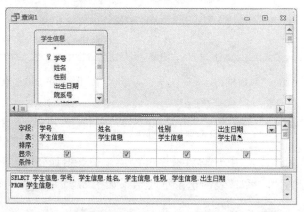

图 3.52 查询设计视图与 SQL 语句的对应关系

打开 SQL 视图的具体操作步骤如下。
（1）打开查询设计视图。
（2）单击"设计"视图，然后单击"结果"组中"视图"的下拉按钮，在下拉菜单中选择"SQL 视图"。

3.6.2 SQL 基本语句

SQL 需要使用以下几种语句来完成表的创建、修改、删除、插入、更新、查找等基本功能。

1. CREATE 语句

在 SQL 语言中，可以使用 CREATE TABLE 语句创建数据库中的表。

① CREATE 语句的一般语法格式为。

```
CREATE TABLE <表名>(<字段名 1><数据类型 1>[字段级完整性约束条件 1]
[,<字段名 2><数据类型 2>[字段级完整性约束条件 2]][,…]
[,<字段名 n><数据类型 n>[字段级完整性约束条件 n]])
[,<表级完整性约束条件>];
```

② 各个符号的说明如下。

```
< >:表示在实际的语句中要采用实际需要的内容进行替代。
[ ]:表示可以根据需要进行选择,也可以不选。
|:表示多项选项只能选择其中之一。
{ }:表示必选项。
```

③ 各参量的说明如下。

```
<表名>:定义表的名称。
<字段名>:定义表中一个或多个字段的名称。
<数据类型>:对应字段的数据类型。
[字段级完整性约束条件]:定义相关字库的约束条件。
```

【例 3.16】 创建一个"学生信息"表，包括"学号"、"姓名"、"性别"、"出生日期"、"院系号"等字段。设置"学号"为主键。

创建"学生信息"表的 SQL 语句为。

```
CREATE TABLE 学生信息( 学号 CHAR(8) Primary Key,
姓名 CHAR(30) ,
性别 BOOLEAN,
出生日期 DATE,
院系号 CHAR(2) );
```

其中，CHAR 表示文本型，DATE 表示日期/时间型，BOOLEAN 表示是/否类型，学号为主键。

2. ALTER 语句

ALTER TABLE 语句用于修改已建表的结构。

① ALTER TABLE 语句的一般语法格式为。

```
ALTER TABLE<表名>
[ADD <新字段名><数据类型>[字段级完整性约束条件]]
[DROP[<字段名>] … ][ALTER<字段名><数据类型>];
```

② 各参量的说明如下。

<表名>:指需要修改的表的名称。
ADD 子句:用于增加新字段和该字段的完整性约束条件。
DROP 子句:用于删除指定的字段。
ALTER 子句:用于修改原有字段属性。

【例 3.17】 在"学生信息"表中增加一个字段,字段名为"简历",数据类型为"备注";删除"简历"字段;将"性别"字段的数据类型修改为"文本型",字段大小为 1。

① 添加"简历"字段的 SQL 语句为。

ALTER TABLE 学生信息 ADD 简历 MEMO;

② 删除"简历"字段的 SQL 语句为。

ALTER TABLE 学生信息 DROP 简历;

③ 修改"性别"字段属性的 SQL 语句为。

ALTER TABLE 学生信息 ALTER 性别 CHAR(1);

3. DROP 语句

DROP TABLE 语句用于删除不需要的表。
语句格式:

DROP TABLE<表名>;

其中,<表名>是指要删除的表的名称。

【例 3.18】 删除已建立的"学生信息"表。
删除"学生信息"表的 SQL 语句为。

DROP TABLE 学生信息;

4. INSERT 语句

INSERT 语句用于将一条新记录插入到指定表中。

① INSERT 语句的一般语法格式为。

INSERT INTO <表名>[(<字段名 1>[,<字段名 2>…])]
VALUES(<常量 1>[,<常量 2>]…);

② 各个参量的说明如下。

INSERT INTO <表名>:说明向<表名>指定的表中插入记录,当插入的记录不完整时,可以用<字段名 1>,<字段名 2>…指定字段。
VALUES(<常量 1>[,<常量 2>]…):给出具体的字段值。

【例 3.19】 "学生信息"表中插入记录(100101,张佳,女,1992-3-15,01)和不完整记录(100102,吴东,男)。

① 插入第一条记录的 SQL 语句为。

INSERT INTO 学生信息
VALUES ("100101","张佳","女",#1992-3-15#,"01");

② 插入第二条记录的 SQL 语句为。

INSERT INTO 学生信息(学号,姓名,性别)
VALUES("100102","吴东","男");

5. UPDATE 语句

UPDATE 语句用于实现数据的更新功能,能够对指定表内所有的记录或满足条件的记录进行更新操作。

① UPDATE 语句的一般语法格式为。

```
UPDATE <表名>
SET <字段名1> = <表达式1>[,<字段名2> = <表达式2>]…
[WHERE<条件>];
```

② 各参量的说明如下。

<表名>:要更新数据的表的名称。

<字段名>=<表达式>:用表达式的值替代对应字段的值,并且一次可以修改多个字段。一般使用 WHERE 子句来指定被更新记录字段值所满足的条件;如果不使用 WHERE 子句,则更新全部记录。

【例 3.20】 将"学生信息"表中学生张佳的出生日期改为"1992-6-15"。

修改数据的 SQL 语句为。

```
UPDATE 学生信息 SET 出生日期 = #1992-6-15#
WHERE 姓名 = "张佳";
```

6. DELETE 语句

DELETE 语句用于实现数据的删除功能,能够对指定表内所有的记录或满足条件的记录进行删除操作。

① DELETE 语句的一般语法格式为。

```
DELETE FROM <表名>[WHERE<条件>];
```

② 各参量的说明如下。

FROM 子句:指定从哪个表中删除数据。

WHERE 子句:指定被删除的记录所满足的条件,如果不使用 WHERE 子句,则删除该表中的全部记录。

【例 3.21】 将"学生信息"表中学号为 100102 的记录删除。

删除记录的 SQL 语句为。

```
DELETE FROM 学生信息
WHERE 学号 = "100102";
```

7. SELECT 语句

SQL 中 SELECT 语句的主要功能是实现对数据源数据的筛选、投影和连接操作,并能够完成筛选字段的重命名、数据源数据的组合、分类汇总、排序等具体操作。

① SELECT 语句的一般语法格式为。

```
SELECT [ALL | DISTINCT] <表达式1> [AS <名称1>][,<表达式2> [AS <名称2>]…]
FROM <表名1>[,<表名2>…]
[WHERE <条件表达式>]
[GROUP BY <分组字段名>[HAVING <条件表达式>]]
[ORDER BY <排序字段名>[ASC | DESC]];
```

② 各参量的说明如下。

ALL:查询结果是数据源全部数据的记录集。

DISTINCT:查询结果是不包含重复行的记录集。
WHERE <条件表达式>:说明查询条件。
GROUP BY <分组字段名>:用于对查询结果进行分组,可以利用它进行分类汇总。
HAVING <条件表达式>:必须和 GROUP BY 一起使用,用来限定分组必须满足的条件。
ORDER BY <排序字段名>:用来对查询结果进行排序,默认为升序排列。
ASC:查询结果按<排序字段名>升序排列。
DESC:查询结果按<排序字段名>降序排列。

3.6.3 创建 SQL 简单查询

1. 单表查询

【例 3.22】 检索"学生信息"表中的所有记录。

SELECT * FROM 学生信息;

此例中没有查询条件,故不包含"WHERE"语句;"*"表示显示所有字段。

【例 3.23】 查找"学生信息"表中出生日期在 1993 年之前的(不包含 1993 年)男学生的记录,并显示"学号"和"姓名"。

SELECT 学号,姓名 FROM 学生信息 WHERE 性别="男" AND 出生日期<#1993-1-1#;

【例 3.24】 在"选课信息"表中查找成绩在 90~100 之间的学生,并显示"学号"、"课程编号"、"成绩"。

SELECT 学号,课程编号,成绩
FROM 选课信息
WHERE 成绩 Between 90 AND 100;

此例中可以将 WHERE 之后的条件写成:成绩>=90 AND 成绩<=100。

【例 3.25】 查找"学生信息"表中姓名中含有"红"字的学生信息,并显示"学号"、"姓名"、"院系"。

SELECT 学号,姓名,院系
FROM 学生信息
WHERE 姓名 LIKE "*红*";

此例中使用 LIKE 进行字符串的匹配,LIKE 之后必须是字符串常量,并用"*"代表多个任意字符。例如,此例改为查找姓李的学生信息,条件子句可以表述为 WHERE 姓名 LIKE "李*"。

【例 3.26】 使用"选课信息"表计算每名学生的平均成绩,并显示平均成绩在 90 分以上(包含 90 分)的学生的"学号"和"个人平均成绩"。

SELECT 学号,AVG(成绩)AS 个人平均成绩
FROM 选课信息
GROUP BY 学号
HAVING AVG(选课成绩.成绩)>=90;

由于查询中需要按照学号来分类计算平均成绩,所以使用了 GROUP BY 子句。同时,由于对分组的数据限制条件"平均分必须大于或等于 90 分",所以跟随在 GROUP BY 之后使用 HAVING 子句限定分组检索条件。

AS 子句的作用对字段重新命名,此例中将计算出来的平均成绩命名为"个人平均成绩"。

【例 3.27】 使用"选课信息"表计算每名学生的平均成绩,按照平均成绩降序排列,并显示前三名的学生的"学号"和"个人平均成绩"。

```
SELECT TOP 3 学号,AVG(成绩)AS 个人平均成绩
FROM 选课信息
GROUP BY 学号
ORDER BY AVG(成绩) DESC;
```

使用 ORDER BY 子句对查询结果进行排序,DESC 表示降序排列,ASC 或者缺省表示升序排列。

使用 TOP n 检索并显示前 n 个符合条件的记录,TOP n 的位置在 SELECT 之后、字段名之前。

2. 连接查询

【例 3.28】 查找学生的选课信息,并显示"学号"、"姓名"、"课程编号"和"成绩"。

```
SELECT 学生信息.学号,学生信息.姓名,选课信息.课程编号,选课信息.成绩
FROM 学生信息,选课信息
WHERE 学生信息.学号 = 选课信息.学号;
```

由于此查询数据来源于"学生信息"和"选课信息"表,所以在 FROM 子句之后列出两个表的名称,同时使用 WHERE 子句指定连接表的条件。

注意:在涉及两个以上表的查询中,字段名之前应加上表名,并且使用"."分开。

【例 3.29】 查找姓名为"张佳"的学生的选课信息,并显示"学号"、"姓名"、"课程名称"和"考试成绩"。

```
SELECT 学生信息.学号,学生信息.姓名,课程信息.课程名称,选课信息.成绩
FROM 学生信息,课程信息,选课信息
WHERE 学生信息.学号 = 选课信息.学号 AND 选课信息.学号 = 课程信息.学号 AND 学生信息.
姓名 = "张佳";
```

当查询涉及三个或三个以上的表时,根据表之间对应的字段来书写连接表的条件。

3. 嵌套查询

【例 3.30】 查找姓名为"张佳"的学生的选课信息,并显示"学号"、"课程编号"和"成绩"。

```
SELECT 学号,课程编号,成绩
FROM 选课信息
WHERE 学号 = (SELECT 学号 FROM 学生信息 WHERE 姓名 = "张佳");
```

由于"姓名"字段来自"学生信息"表,需要先从该表中检索出"张佳"的学号,再以这个学号作为查询条件,查找该学生的选课信息。所以将检索"张佳"学号的操作作为子查询嵌套在整个查询操作中。

注意:如果子查询返回一个值,使用"="来连接子查询;如果子查询返回的值多于一个,则可以使用 IN 来连接子查询。

【例 3.31】 查找"选课信息"表中成绩大于平均成绩的学生记录。

```
SELECT 学号,课程编号,成绩
FROM 选课信息
WHERE 成绩>(SELECT AVG(成绩) FROM 选课信息);
```

此例中虽然只涉及一个"选课信息"表,但使用嵌套查询实现了比较计算,可以使用">"、

">="、"<"、"<="等比较运算符来连接子查询。

3.6.4 创建 SQL 特定查询

1. 联合查询

将两个或多个含有相同信息的独立表联合为一个列表,可通过创建联合查询得以实现,该查询使用 UNION 运算符来合并查询的结果。

【**例 3.32**】 使用联合查询将例 3.1 中的"学生选课成绩"查询中大于 90 分的记录与例 3.2 中的"高等数学成绩"查询中的记录合并起来,显示"学号"、"姓名"、"课程名称"、"成绩"字段。

具体操作步骤如下。

(1) 单击"创建"选项卡,然后单击"查询"组中的"查询设计"按钮,关闭"显示表"对话框。

(2) 单击"设计"选项卡,然后单击"查询类型"组中的"联合"按钮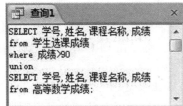,打开 SQL 窗口。在窗口中添加下面的语句,如图 3.53 所示。

(3) 切换到数据表视图,查询结果如图 3.54 所示。

图 3.53 联合查询 SELECT 语句 　　　图 3.54 联合查询结果

2. 传递查询

传递查询是 SQL 特定查询之一,Access 传递查询可直接将命令发送到 ODBC 数据库服务器。创建传递查询的具体操作步骤如下。

(1) 单击"创建"选项卡,然后单击"查询"组中的"查询设计"按钮,关闭"显示表"对话框。

(2) 单击"设计"选项卡,单击"查询类型"组中的"传递"按钮,打开 SQL 窗口。

(3) 在"设计"选项卡,然后单击"显示/隐藏"组中的"属性表"按钮,在右侧出现"属性表"窗口。设置"ODBC 连接字符串"属性,指定 Access 执行查询时要连接的数据库的位置,如图 3.55 所示。

图 3.55 "属性表"窗口

(4) 根据需要设置"查询属性"中的其他属性。

(5) 在 SQL 传递查询窗口中输入传递查询。

(6) 单击"运行"按钮,执行该查询。

3. 数据定义查询

数据定义查询是 SQL 的一种特定查询,使用数据定义查询可以在数据库中创建或更改对象,如创建、删除、更改表或创建索引。每个数据定义查询只包含一条数据定义语句。Access 支持的数据定义语句如表 3.11 所示。

表 3.11 数据定义语句及用途

SQL 语句	用途
CREATE TABLE	创建表
ALTER TABLE	在已有的表中添加字段或约束
DROP	从数据库中删除表,或者从字段或字段组中删除索引
CREATE INDEX	为字段或字段组合创建索引

【例 3.33】 利用 CREATE TABLE 语句来创建一个名为"学生信息 A"的表,字段名及类型要求如表 3.12 所示。其中,"学生 ID"字段设置为主键。

表 3.12 "学生信息 A"表

字段名称	数据类型
学生 ID	数字
姓名	文本
性别	文本
出生日期	日期/时间
家庭住址	文本
联系电话	文本
备注	备注

具体操作步骤如下。

(1) 单击"创建"选项卡,然后单击"查询"组中的"查询设计"按钮,关闭"显示表"对话框。

(2) 单击"设计"选项卡,然后单击"查询类型"组中的"数据定义"按钮 ,打开 SQL 窗口。在"数据定义查询"窗口中输入如下语句,如图 3.56 所示。

```
CREATE TABLE 学生信息 A
([学生 ID] integer,
[姓名]text,
[性别]text,
[出生日期]date,
[家庭住址]text,
[联系电话]text,
[备注]memo,
CONSTRAINT [index1]PRIMARY KEY([学生 ID]));
```

(3)单击"运行"按钮执行该查询,此时就开始看到新建的"学生信息 A"表。

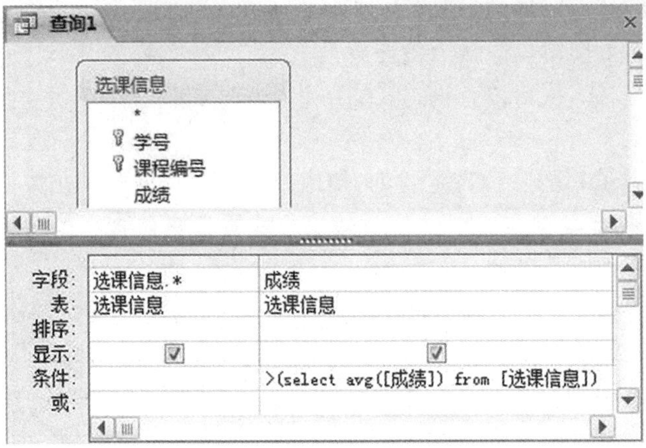

图 3.56　子查询设计视图

4. 子查询

子查询是一个 SELECT 选择查询,它返回的查询结果作为另一个选择查询或操作查询的查询条件。任何允许使用表达式的地方都可以使用子查询。

【例 3.34】　查询并显示"选课信息"表中成绩大于平均成绩的学生记录。

具体操作步骤如下。

(1)在"学籍管理"数据库中,单击"创建"选项卡,然后单击"查询"组中的"查询设计"按钮,在弹出的"显示表"对话框中双击"选课信息"表,关闭"显示表"对话框。

(2)双击"选课信息"表字段列表中的"＊"和"成绩",将其添加到设计网格中。

(3)单击设计网格中"成绩"列对应的"显示"单元格上的复选框,取消该字段的显示。

(4)在"成绩"列对应的"条件"单元格内输入"＞(select avg([成绩]) from [选课信息])",如图 3.56 所示。

(5)切换到数据表视图,可以看到查询结果。

3.7　编辑和使用查询

3.7.1　编辑查询中的字段

编辑查询中的字段主要包括添加、删除和移动字段。另外,查询中的字段还可以更改字段名。

1. 添加字段

打开要修改的查询的设计视图,直接双击要添加的字段,该字段会添加到"字段"行的第一个空白列处。如果要在某一字段前插入新字段,则在字段列表中选中所需字段,并按住鼠标左键不放,将其拖放到该字段的位置即可。

2. 删除字段

打开要修改的查询的设计视图,将鼠标指针移至"字段"行要删除字段单元格的上方,当出现向下的黑色箭头时单击,选中该字段,如图 3.57 所示,此时按 Delete 键即可删除该字段。

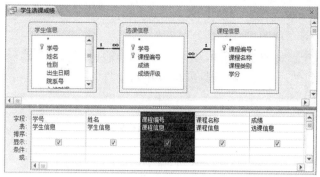

图 3.57　删除字段

3. 移动字段

字段的排列顺序会影响数据的排序和查询结果的显示,因此可以根据需要调整字段的排列顺序。打开要修改的查询的设计视图,选中要移动的字段。此时,将鼠标指针指向选中列,当指针变为空心箭头时,按住鼠标左键,将该字段拖至所需位置。

4. 更改字段名

如果要在查询结果中,某字段名要用另一个字段名显示,可以在查询的设计视图中,在原来的字段名前加上新的字段名,并加上英文半角状态下的":",则与原表中的字段名保持不变。例如,将"成绩评级"改为"成绩等级",可在设计视图中表示为"成绩等级:成绩评级"。

3.7.2　编辑查询中的数据源

创建查询后,根据情况的变化,查询中可能需要使用其他表或查询中的字段,也可能某些表和查询在查询中不再发生作用,这时就要在查询中添加新的表或查询,或是把不需要的表或查询删除。

添加表或查询的具体操作步骤如下。

(1) 打开要修改的查询的设计视图。

(2) 单击"设计"选项卡,然后单击"查询设置"组中的"显示表"按钮;或在字段列表的空白处右击,在弹出的快捷菜单中选择"显示表"命令,弹出如图 3.58 所示的"显示表"对话框。

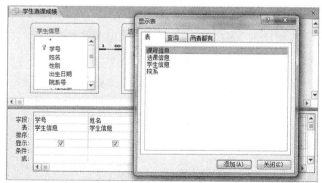

图 3.58　"显示表"对话框

(3) 将所需表或查询添加到字段列表中,单击"关闭"按钮。

删除表或查询的具体操作步骤如下。

(1) 打开要修改的查询的设计视图。

(2) 在字段列表中右击要删除的表或查询,在弹出的快捷菜单中选择"删除表"命令;或单击要删除的表或查询,然后按 Delete 键,可将该表或查询删除。

本 章 小 结

本章重点讲解了查询的基本操作方法,包括查询的分类和准则、查询的创建和使用、对已经创建的查询进行操作等内容。其中使用设计视图创建选择查询和操作查询等内容是上机题中的重要考点,读者应熟练操作。

真 题 演 练

(1) 利用对话框提示用户输入查询条件,这样的查询属于(　　)。(2010 年 3 月)
  A. 选择查询   B. 参数查询   C. 操作查询   D. SQL 查询

【答案】B

【解析】选择查询能够根据指定的查询准则,从一个或多个表中获取数据并显示结果,也可以使用选择查询对记录进行分组,并且对记录进行总结、计数、求平均值以及其他类型的计算;参数查询是一种利用对话框来提示用户输入准则的查询;操作查询与选择查询相似,但不同的是操作查询是在一次查询操作中对所得的结果进行编辑等操作;SQL 查询是用户使用 SQL 语句来创建的一种查询。

(2) 在书写查询准则时,日期型数据应该使用适当的分隔符括起来,正确的分隔符是(　　)。(2009 年 3 月)
  A. *   B. %   C. &   D. #

【答案】D

【解析】在 Access 数据库中,创建查询设置时间时要求必须用"#"号将时间括起来。

(3) 在建立查询时,若要筛选出图书编号是"T01"或"T02"的记录,可以在查询设计视图准则行中输入(　　)。(2008 年 9 月)
  A. "T01" or "T02"   B. "T01" and "T02"
  C. in ("T01" and "T02")   D. not in ("T01" and "T02")

【答案】A

【解析】此处是进行"或"查询,所以选择 A.。选项 B. 为"与"运算,选项 C. 的查询结果要求同时存在于"T01"、"T02"中,选项 D. 的查询结果要求既不在"T01"中,又不在"T02"中。

(4) 若查询的设计如下图所示,则查询的功能是(　　)。(2011 年 3 月)

A. 设计尚未完成,无法进行统计
B. 统计班级信息仅含 Null(空)值的记录个数
C. 统计班级信息不包括 Null(空)值的记录个数
D. 统计班级信息包括 Null(空)值全部记录个数

【答案】C

【解析】本题中图片显示总计为计数,即对学生表中的班级进行统计,统计时如果有 Null 值则不会记录在内。

(5) 在学生借书数据库中,已有"学生"表和"借阅"表,其中"学生"表含有"学号"、"姓名"等信息,"借阅"表含有"借阅编号"、"学号"等信息。若要找出没有借过书的学生记录,并显示其"学号"和"姓名",则正确的查询设计是(　　)。(2009 年 9 月)

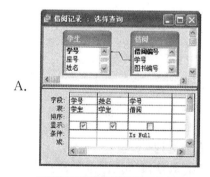

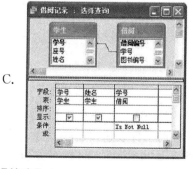

【答案】A

【解析】首先,要找出没有借书记录的学生,在查询设计网络的"学号"列下的"条件"行中键入 Is Null。其次,由于只显示"学号"和"姓名",取消"学号"列"显示"行中的复选框。

(6) 在 Access 中已经建立了"工资"表,表中包括"职工号"、"所在单位"、"基本工资"和"应发工资"等字段,如果要按所在单位统计应发工资总数,那么在查询设计视图的"所在单位"的"总计"行和"应发工资"的"总计"行中分别选择的是(　　)。(2007 年 4 月)

A. sum,group by
B. count,group by
C. group by,sum
D. group by,count

【答案】C

【解析】在 Access 中,group by 子句指定查询结果的分组条件;sum 与 count 的区别:前一个是求和,后一个是计数。根据它们的定义分析题意,如果要按单位统计应分工作总数,则分别要用 group by 和 sum。

(7) 若要将"产品"表中所有供货商是"ABC"的产品单价下调 50,则正确的 SQL 语句是(　　)。(2011 年 3 月)

A. UPDATE 产品 SET 单价＝50 WHERE 供货商＝"ABC"
B. UPDATE 产品 SET 单价＝单价－50 WHERE 供货商＝"ABC"
C. UPDATE FROM 产品 SET 单价＝50 WHERE 供货商＝"ABC"
D. UPDATE FROM 产品 SET 单价＝单价－50 WHERE 供货商＝"ABC"

【答案】B

【解析】UPDATE 语句,直接更新一张表数据时,不使用 FROM 关键字,本题中要将产品单价下调 50,即为"单价＝单价－50","单价＝50"将单价设置为 50。

巩固练习

(1)在 SQL 语言的 SELECT 语句中,用于实现选择运算的子句是(　　)。

A. FOR
B. IF
C. WHILE
D. WHERE

(2)在 Access 数据库中使用向导创建查询,其数据可以来自(　　)。

A. 多个表
B. 一个表
C. 一个表的一部分
D. 表或查询

(3)"学生表"中有"学号"、"姓名"、"性别"和"入学成绩"等字段。执行如下 SQL 命令后的结果是(　　)。

Select avg(入学成绩) From 学生表 Group by 性别

A. 计算并显示所有学生的平均入学成绩
B. 计算并显示所有学生的性别和平均入学成绩
C. 按性别顺序计算并显示所有学生的平均入学成绩
D. 按性别分组计算并显示不同性别学生的平均入学成绩

(4)在成绩中要查找成绩≥80 且成绩≤90 的学生,正确的条件表达式是(　　)。

A. 成绩 Between 80 And 90
B. 成绩 Between 80 To 90
C. 成绩 Between 79 And 91
D. 成绩 Between 79 To 91

(5)下列关于操作查询的叙述中,错误的是(　　)。
A. 在更新查询中可以使用计算功能
B. 删除查询可删除符合条件的记录
C. 生成表查询生成的新表是原表的子集
D. 追加查询要求两个表的结构必须一致

(6)下列关于 SQL 命令的叙述中,正确的是(　　)。
A. DELETE 命令不能与 GROUP BY 关键字一起使用
B. SELECT 命令不能与 GROUP BY 关键字一起使用
C. INSERT 命令与 GROUP BY 关键字一起使用可以按分组将新记录插入到表中
D. UPDATE 命令与 GROUP BY 关键字一起使用可以按分组更新表中原有的记录

(7)查询"书名"字段中包含"等级考试"字样的记录,应该使用的条件是(　　)。
A. Like "等级考试"   B. Like " * 等级考试"
C. Like "等级考试 * "   D. Like " * 等级考试 * "

(8)假设"公司"表中有编号、名称、法人等字段,查找公司名称中有"网络"二字的公司信息,正确的命令是(　　)。
A. SELECT * FROM 公司 FOR 名称 = " * 网络 * "
B. SELECT * FROM 公司 FOR 名称 LIKE " * 网络 * "
C. SELECT * FROM 公司 WHERE 名称 = " * 网络 * "
D. SELECT * FROM 公司 WHERE 名称 LIKE " * 网络 * "

(9)已知"借阅"表中有"借阅编号"、"学号"和"借阅图书编号"等字段,每名学生每借阅一本书生成一条记录,要求按学生学号统计出每名学生的借阅次数,下列 SQL 语句中,正确的是(　　)。
A. SELECT 学号,COUNT(学号) FROM 借阅
B. SELECT 学号,COUNT(学号) FROM 借阅 GROUP BY 学号
C. SELECT 学号,SUM(学号) FROM 借阅
D. SELECT 学号,SUM(学号) FROM 借阅 ORDER BY 学号

(10)下列关于 SQL 的 INSERT 命令的叙述中,正确的是(　　)。
A. INSERT 命令中必须有 VALUES 关键字
B. INSERT 命令中必须有 INTO 关键字
C. INSERT 命令中必须有 SET 关键字
D. INSERT 命令中必须有 FROM 关键字

(11)在 Access 数据库中创建一个新表,应该使用的 SQL 语句是(　　)。
A. CREATE TABLE   B. CREATE INDEX
C. ALTER TABLE   D. CREATE DATABASE

(12)下列关于 SQL 命令的叙述中,正确的是(　　)。
A. INSERT 命令中可以没有 INTO 关键字
B. INSERT 命令中可以没有 VALUES 关键字
C. INSERT 命令中必须有 SET 关键字
D. 以上说法均不正确

(13)从"图书"表中查找出定价高于"图书编号"为"115"的图书的记录,正确的 SQL 命令是( )。

A. SELECT * FROM 图书 WHERE 定价>"115";
B. SELECT * FROM 图书 WHERE EXISTS 定价="115";
C. SELECT * FROM 图书 WHERE 定价>(SELECT * FROM 图书 WHERE 图书编号="115");
D. SELECT * FROM 图书 WHERE 定价>(SELECT 定价 FROM 图书 WHERE 图书编号="115");

(14)在已建"职工"表中有"姓名"、"性别"、"出生日期"等字段,查询并显示所有年龄在25岁以下职工的姓名、性别和年龄,正确的 SQL 命令是( )。

A. SELECT 姓名,性别,YEAR(DATE())－YEAR([出生日期]) AS 年龄 FROM 职工 WHERE YEAR(Date())－YEAR([出生日期])<25
B. SELECT 姓名,性别,YEAR(DATE())－YEAR([出生日期]) 年龄 FROM 职工 WHERE YEAR(Date())－YEAR([出生日期])<25
C. SELECT 姓名,性别,YEAR(DATE())－YEAR([出生日期]) AS 年龄 FROM 职工 WHERE 年龄<25
D. SELECT 姓名,性别,YEAR(DATE())－YEAR([出生日期]) 年龄 FROM 职工 WHERE 年龄<25

第 4 章 窗 体

窗体是 Access 的重要对象之一,利用窗体可以将各类数据库对象组织起来,构建具有一定功能和风格的数据库应用系统。窗体既是管理数据库的窗口,也是用户与数据库交互的桥梁,使用户能够方便地输入、编辑或查看数据。

本章将介绍 Access 窗体对象的类型、组成、设计方法及应用。

4.1 认识窗体

4.1.1 窗体的概念与功能

1. 窗体的概念

窗体本身并不存储数据,它包含了文本框、命令按钮、标签、组合框和列表框等控件,通过这些控件可以实现对表、查询或其他数据库对象的操作。数据库应用系统开发完成后,对数据库所有的操作都可以通过窗体来实现。

2. 窗体的功能

窗体的功能有以下几个方面。

① 数据的输入与编辑。通过窗体来设计界面,可以更方便地对数据表进行数据维护。

② 数据的显示和打印。在窗体中可以显示或打印数据表及查询中的数据,还可以显示一些警告或解释信息。

③ 应用程序流程控制。窗体能够与函数、过程相结合,通过编写宏或 VBA 代码完成各种复杂的处理功能,可以控制程序的执行。

4.1.2 窗体的视图

Access 2010 的窗体有六种视图:设计视图、窗体视图、数据表视图、数据透视表视图、数据透视图视图和布局视图。其中,常用的是设计视图和窗体视图。窗体的不同视图之中可以进行切换。

① 设计视图。设计视图用于创建和修改窗体,在设计视图中可以添加控件、修改控件的属性、设置数据来源等。

② 窗体视图。窗体视图用于输入、修改和查看数据的窗口,是窗体最终呈现在用户面前的界面。

③ 数据表视图。数据表视图以表格的形式来显示窗体中的数据,其效果与表或查询的数据表视图类似。

④ 数据透视表视图。数据透视表视图是一种交互式表，可以快速合并和比较大量数据，可以重新排列行和列来查看源数据的不同汇总。界面类似于交叉表查询的显示结果，多用于数据的汇总和统计。

⑤ 数据透视图视图。数据透视图视图的功能类似于数据透视表视图，也多用于数据的汇总和统计。区别在于数据透视图视图是以图形化的方式来显示数据汇总或统计结果。

⑥ 布局视图。布局视图是 Access 2010 新增的视图形式，与窗体的设计视图相似。相比设计视图，布局视图提供了更直观的视图，在进行设计方面更改的同时可以查看数据。布局视图可以方便地设置窗体的外观、控件的位置及大小等，可以轻松地重排字段、列、行或整个布局。但某些任务在布局视图中是完成不了的，需要切换到设计视图。

4.2 创建窗体

在 Access 中，创建窗体主要有两种途径：一种是使用向导来自动创建窗体；另一种是使用窗体的设计视图来创建窗体。

在 Access 2010 中，单击"创建"选项卡，在"窗体"组中提供了创建窗体的功能按钮，包括"窗体"、"窗体设计"、"空白窗体"、"窗体向导"、"导航"和"其他窗体"，如图 4.1 所示。单击"导航"和"其他窗体"按钮，展开下拉列表，列表中还有多种创建窗体的方式。

① 窗体。可以快速创建一个窗体，用当前打开的表或者查询自动创建窗体，这类窗体每次显示关于一条记录的信息。

② 窗体设计。通过窗体设计视图创建窗体，是最常用的方法。

③ 空白窗体。创建一空白窗体，再将选定的字段添加进去。

④ 窗体向导。使用系统提供的"向导"功能快速创建窗体。

⑤ 导航。创建具有导航按钮的窗体，如图 4.2 所示。

⑥ 其他窗体。创建特定的窗体，包括"多个项目"、"数据表"、"分割窗体"、"模式对话框"、"数据透视图"和"数据透视表"，如图 4.3 所示。

图 4.1 创建窗体的功能按钮　　图 4.2 "导航"按钮下拉列表　　图 4.3 "其他窗体"按钮下拉列表

4.2.1 自动创建窗体

自动创建窗体是 Access 提供的一种非常简单且快速的创建窗体方式。它必须是在已打开或选定的表或查询对象下进行,可以快速创建基于选定对象的窗体。自动创建窗体的不足就在于布局结构比较固定、简单,不够灵活。

1. 使用"窗体"工具

【例 4.1】 在"学籍管理"数据库中使用"窗体"按钮,创建"学生信息 1"窗体。

具体操作步骤如下。

(1) 打开"学籍管理"数据库,在导航窗格中选中"学生信息"表。

(2) 单击"创建"选项卡,然后单击"窗体"组中的"窗体"按钮,打开自动创建的窗体,如图 4.4 所示。

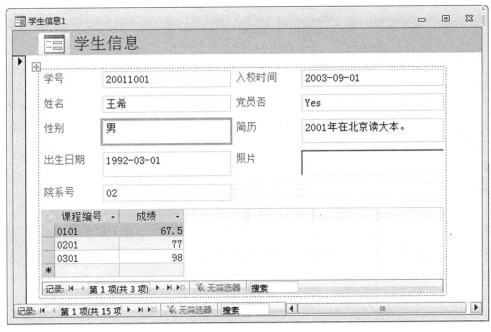

图 4.4 使用"窗体"按钮自动创建窗体

(3) 保存并将窗体命名为"学生信息 1"。

注意:在创建的窗体中包含一个子窗体,该子窗体显示了与"学生信息"表相关的"选课信息"中的记录。

2. 使用"多个项目"工具

"多个项目"工具用来创建可以显示多条记录的窗体。

【例 4.2】 在"学籍管理"数据库中使用"多个项目"命令创建"学生信息 2"窗体。

具体操作步骤如下。

(1) 打开"学籍管理"数据库,在导航窗格中选中"学生信息"表。

(2) 单击"创建"选项卡,然后单击"窗体"组中的"其他窗体"按钮,在下拉菜单中单击"多个项目"命令,打开自动创建的窗体,如图 4.5 所示。

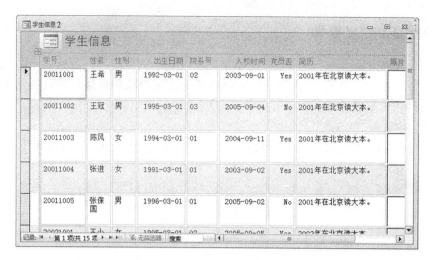

图 4.5 使用"多个项目"命令自动创建窗体

(3)保存并将窗体命名为"学生信息 2"。

3. 使用"分割窗体"工具

"分割窗体"可以创建同时具有两种布局方式的窗体：一种是窗体上方是单一记录的布局方式，如同使用"窗体"按钮创建的布局方式；另一种是窗体下方是多条记录的布局方式，如同使用"多个项目"命令创建的布局方式。

【例 4.3】 在"学籍管理"数据库中使用"分割窗体"命令创建"学生信息 3"窗体。

具体操作步骤如下。

(1)打开"学籍管理"数据库，在导航窗格中选中"学生信息"表。

(2)单击"创建"选项卡，单击"窗体"组中的"其他窗体"按钮，在下拉菜单中选择"分割窗体"命令，打开自动创建的窗体，如图 4.6 所示。

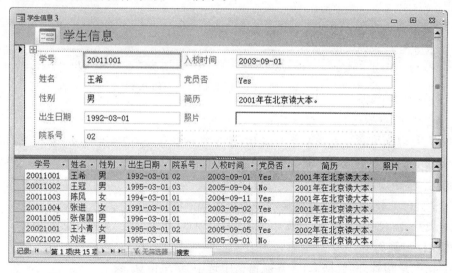

图 4.6 使用"分割窗体"命令自动创建窗体

(3) 保存并将窗体命名为"学生信息 3"。

4.2.2 使用"空白窗体"工具创建窗体

"空白窗体"是 Access 2010 新增的功能,可以在窗体的"布局视图"中创建窗体。

【例 4.4】 以"学籍管理"数据库中的"学生信息"表为基础,利用"空白窗体"按钮创建"学生信息 4"窗体。

具体操作步骤如下。

(1) 打开"学籍管理"数据库。

(2) 单击"创建"选项卡,单击"窗体"组中的"空白窗体"按钮,打开自动创建的空白窗体。此时系统默认进入窗体的"布局视图",右侧显示"字段列表"窗格,如图 4.7 所示。

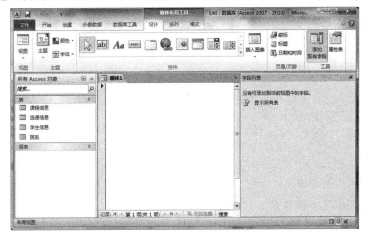

图 4.7 空白窗体的布局视图

(3) 在"字段列表"窗格中,单击"显示所有表",此时列出了"学籍管理"数据库中的所有表。单击"学生信息"表前的"+"号,展开该表中所有字段。双击"学号"、"姓名"、"性别"、"出生日期"字段,将这四个字段添加到空白窗体中。此时,字段列表窗格中显示了三个字段列表窗口,分别是"可用于此视图的字段:"、"相关表中的可用字段:"和"其他表中的可用字段:",如图 4.8 所示。

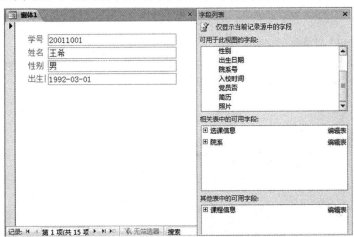

图 4.8 添加"学生信息"表中字段

（4）在"相关表中的可用字段："的字段列表中，单击"院系"表前的"＋"号，双击"院系名称"字段，将其添加到空白窗体中，同时"院系"表移动到了"可用于此视图的字段："的字段列表中，如图4.9所示。

（5）保存并将窗体命名为"学生信息4"。

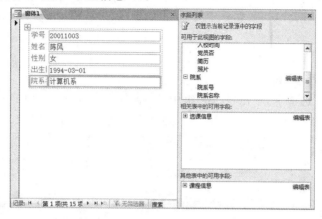

图4.9 添加"院系"表中字段

4.2.3 使用向导创建窗体

窗体向导是一种较为常用的创建窗体工具。窗体向导虽然不如自动窗体直接、快捷，但比自动窗体提供了更多的选项，可以更为全面、灵活地控制窗体的数据来源和格式。

1. 利用向导创建基于单数据源的窗体

【例4.5】 在"学籍管理"数据库中使用窗体向导创建"学生信息5"窗体。

具体操作步骤如下。

（1）打开"学籍管理"数据库。

（2）单击"创建"选项卡，然后单击"窗体"组中的"窗体向导"按钮，弹出"窗体向导"第一个对话框。在"表/查询"文本框中选择"学生信息"表作为报表的记录源；在左侧的"可选字段"列表中，双击"学号"、"姓名"、"性别"、"出生日期"四个字段，将其添加到右侧的"选定字段"列表中，如图4.10所示。

（3）单击"下一步"按钮，弹出"窗体向导"第二个对话框。确定窗体使用的布局，这里选择"纵栏表"，如图4.11所示。

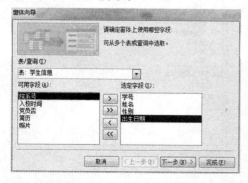

图4.10 选定数据源和字段

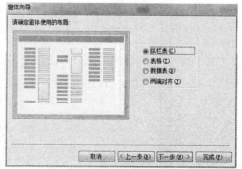

图4.11 确定窗体布局

(4) 单击"下一步"按钮,弹出"窗体向导"最后一个对话框。确定窗体标题为"学生信息5",如图 4.12 所示。

(5) 单击"完成"按钮,完成"学生信息 5"窗体的创建,结果如图 4.13 所示。

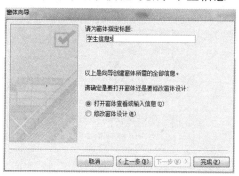

图 4.12 指定窗体标题

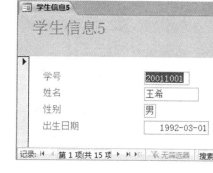

图 4.13 使用窗体向导创建的窗体"学生信息 5"

2. 利用向导创建基于多数据源的窗体

利用向导创建基于多数据源的窗体,其实是创建主/子类型的窗体,在创建主/子窗体之前,必须设置表与表之间的关系。

【例 4.6】 以"学生信息"表和"院系"表为数据源,通过向导模式创建主/子窗体。

具体操作步骤如下。

(1) 打开"学籍管理"数据库,确保这两个表已经建立了一对多的关系。

(2) 单击"创建"选项卡,单击"窗体"组中的"窗体向导"按钮,弹出"窗体向导"第一个对话框。在"表/查询"文本框中选择"学生信息"表,在"可选字段"列表中,双击"学号"、"姓名"、"性别"和"出生日期"四个字段,将其添加到右侧的"选定字段"列表中;在"表/查询"文本框中再选择"院系"表,在"可选字段"列表中,双击"院系号"、"院系名称"两个字段,也将其添加到右侧的"选定字段"列表中,如图 4.14 所示。

(3) 单击"下一步"按钮,弹出"窗体向导"第二个对话框,确定窗体查看数据的方式。如果选择通过"院系"表查看,那么"院系"表中数据将作为主窗体中的数据源,"学生信息"表中的数据会被作为子窗体中的数据源;如果选择通过"学生信息"表查看,那么会和上面的正好相反。这里选择"通过院系",并选中"带有子窗体的窗体"单选按钮,如图 4.15 所示。

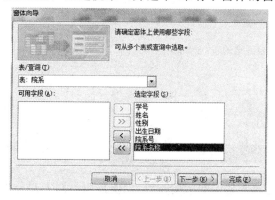

图 4.14 选择两个数据源并添加相应字段

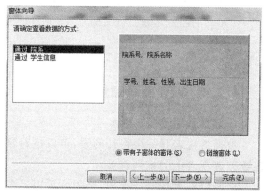

图 4.15 确定查看数据的方式

（4）单击"下一步"按钮,弹出"窗体向导"的第三个对话框,确定子窗体使用的布局。这里使用默认选项"数据表"即可,如图4.16所示。

（5）单击"下一步"按钮,弹出"窗体向导"的最后一个对话框,确定窗体及子窗体的标题,如图4.17所示。单击"完成"按钮,这时会在屏幕上打开创建好的主/子窗体,如图4.18所示。

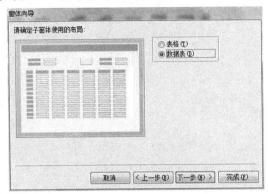

图4.16　确定子窗体使用的布局　　　　图4.17　指定窗体及子窗体标题

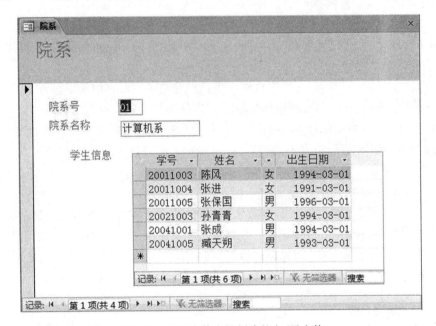

图4.18　使用窗体向导创建的主/子窗体

4.2.4　创建图表窗体

1. 创建数据透视表窗体

数据透视表是一种特殊的表,可以进行某些计算,如求和与计数等,所进行的计算与数据在数据透视表中的排列有关。

之所以称为数据透视表,是因为可以动态地改变它们的版面布置,以便按照不同方式分析数据,也可以重新安排行号、列标和页字段。每一次改变版面布置时,数据透视表会立即按照新的布置重新计算数据。另外，如果原始数据发生更改，则可以更新数据透视表。

【例 4.7】 以"学籍管理"数据库中的"学生信息"表为数据源，创建计算各系男、女生人数的数据透视表窗体。

具体操作步骤如下。

(1) 打开"学籍管理"数据库，在导航窗格中选中"学生信息"表。

(2) 单击"创建"选项卡，然后单击"窗体"组中的"其他窗体"按钮，在下拉列表中选择"数据透视表"选项，打开数据透视表的设计窗体。如图 4.19 所示。

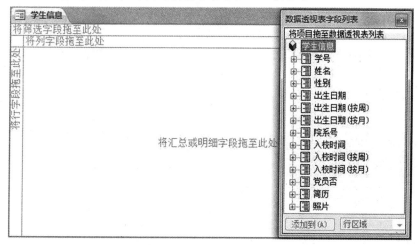

图 4.19　数据透视表设计窗体

(3) 将"数据透视表字段列表"中的"院系号"字段拖放到行字段处；将"性别"字段拖放到列字段处；选中"学号"字段，单击右下角下拉列表，选择"数据区域"选项，然后单击"添加到"按钮就会生成如图 4.20 所示的数据透视表窗体。

图 4.20　数据透视表窗体

2. 创建数据透视图窗体

数据透视图窗体的创建步骤基本和数据透视表窗体的创建一样,不同在于数据透视图是把统计的数据以图的形式展现,这样窗体中显示的结果会更加直观。

【例 4.8】 以"学籍管理"数据库中的"学生信息"表为数据源,创建计算各系男、女生人数的数据透视图窗体。

具体操作步骤如下。

(1) 打开"学籍管理"数据库,在导航窗格中选中"学生信息"表。

(2) 单击"创建"选项卡,单击"窗体"组中的"其他窗体"按钮,在下拉列表中选择"数据透视图"选项,打开数据透视图的设计窗体,如图 4.21 所示。

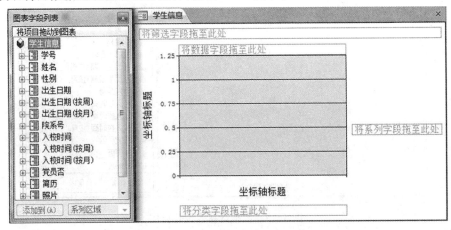

图 4.21 数据透视图设计窗口

(3) 将"图表字段列表"中的"院系号"字段拖放到分类字段处;将"性别"字段拖放到系列字段处;选中"学号"字段,单击右下角"系列区域"下拉按钮,在其下拉列表中选择"数据区域"选项,然后单击"添加到"按钮就会生成如图 4.22 所示的数据透视图窗体。

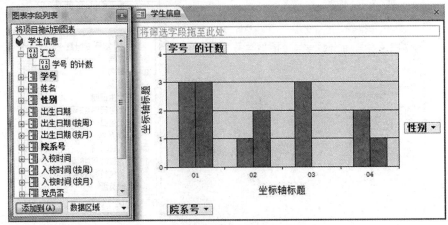

图 4.22 数据透视图窗体

4.3 设计窗体

4.3.1 窗体设计视图

使用窗体"设计视图"来创建窗体可以根据实际需要来控制窗体的布局和外观,操作起来也更灵活。

1. 窗体设计视图的组成

一个窗体由五部分构成,每个部分称为一"节",这五节分别是窗体页眉、页面页眉、主体、页面页脚和窗体页脚。窗体上标尺和左标尺交叉处的小方块称为"窗体选择器",单击该处,则选中了当前窗体,如图 4.23 所示。

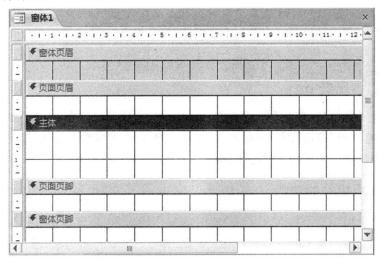

图 4.23　窗体设计视图

各节的作用如下。

① 窗体页眉。窗体页眉位于窗体顶部位置,一般用于设置窗体的标题、窗体的使用说明、打开相关窗体及执行其他功能的命令按钮等。

② 页面页眉。页面页眉一般用来设置窗体在打印时的页头信息。例如,标题、用户要在每一页上方显示的内容。

③ 主体。主体节通常用来显示记录数据,可以在屏幕工作页面上只显示一条记录,也可以显示多条记录。

④ 页面页脚。页面页脚一般用于设置窗体在打印时的页脚信息。例如,日期、页码或用户要在每一页下方显示的内容。

⑤ 窗体页脚。窗体页脚位于窗体底部,一般用于显示对所有记录都要显示的内容、使用命令的操作说明等信息,也可以设置命令按钮,以便进行必要的控制。

默认情况下,窗体设计视图只显示主体节,其他四节需要右键单击主体节,在弹出的快捷菜单中选择"窗体页眉/页脚"命令和"页面页眉/页脚"命令,才能在窗体设计视图中显示出来。

2. "窗体设计工具"选项卡

打开窗体"设计视图"后,会出现"窗体设计工具"选项卡,该选项卡包含三个子选项卡,分别是"设计"、"排列"和"格式",如图 4.24 所示。

图 4.24　窗体"设计视图"的工具栏和工具箱

①"设计"选项卡。"设计"选项卡提供了设计窗体时的主要工具,包括"视图"、"主题"、"控件"、"页眉/页脚"和"工具"五个组。

②"排列"选项卡。"排列"选项卡用于设计窗体及控件的布局方式,包括"表"、"行和列"、"合并/拆分"、"移动"、"位置"和"调整大小和排序"六个组。

③"格式"选项卡。"格式"选项卡用于设计窗体及控件的字体、背景等格式,包括"所选内容"、"字体"、"数字"、"背景"和"控件格式"五个组。

3. 字段列表

当窗体绑定了数据源(某一个表或查询)后,在创建窗体的过程中,就可以通过单击"工具"组中的"添加现有字段"按钮打开"字段列表"窗口。操作时,只需要将字段拖到窗体内,窗体便自动创建一个与此字段关联的文本框控件。

4.3.2　常用控件的功能

控件是窗体上用于显示数据、执行操作、装饰窗体的对象,在窗体中可以添加各种控件对象来实现窗体的功能。常用的窗体控件有文本框、标签、选项组、复选框、组合框、列表框、命令按钮和图像控件等,各种控件都可以在"设计选项卡"的"控件"组中找到。添加了若干控件的窗体如图 4.25 所示。

图 4.25　常用控件

根据 Access 控件在窗体中所起的作用不同，Access 控件可分为绑定型、未绑定型与计算型三种类型。绑定型控件主要用于显示、输入、更新数据库中的字段；未绑定型控件没有数据源，可以用来显示信息、线条、矩形或图像；计算型控件用表达式作为数据源，表达式可以是窗体或窗体所引用的表或查询中的数据，也可以是窗体或窗体上的其他控件中的数据。

(1) 标签控件

标签控件 ![Aa] 主要用来显示窗体或报表上说明性的文本，如窗体的标题信息。标签控件不显示字段或表达式的数值，它只是标记或说明性的控件，没有数据来源，它所显示的内容也不会随着记录的变化而变化。

(2) 文本框控件

文本框控件 ![abl] 主要用来显示、输入或编辑数据，显示计算结果或用户输入的数据，它是一种最常用的交互式控件。

按照用途不同，可以将文本框控件分为绑定型、未绑定型与计算型三种类型。绑定型文本框控件与表、查询中的字段相结合，用来显示字段的内容；未绑定文本框控件没有和某一字段连接，一般可以用来显示提示信息或接收用户输入数据；计算型文本框控件用来显示表达式的计算结果。当表达式发生变化时，数值就会被重新计算。

(3) 复选框控件、切换按钮控件、单选按钮控件

复选框控件 ![☑]、切换按钮控件 ![]、单选按钮控件 ![◉] 这三种控件都可以用来表示两种状态，其工作方式基本相同，当被选中或单击时表示"是"，其值为"1"，反之表示"否"，其值为"0"。其中，复选框控件可以直接和数据源的是/否数据类型的字段绑定使用。

(4) 选项组控件

选项组控件 ![] 是一个包含复选框或单选按钮或切换按钮等控件的容器控件。一个选项组由一个组框架及一组复选框或单选按钮或切换按钮组成，选项组的控件可以和数据源的字段绑定，如图 4.25 所示。

(5) 列表框控件与组合框控件

列表框控件 ![] 和组合框控件 ![] 都提供一个选项列表，用户可以从中选择一个值。如果输入的数据总是取自某一个表或查询中记录的数据或取自某固定内容的数据，使用组合框或列表框就可以保证输入数据的正确性，同时提高输入速度。例如，输入学生基本信息时，院系号的值为"01"、"02"、"03"、"04"，若将这些值放在组合框或列表框中，用户只需从中选择所需的值即可完成数据的输入，这样不仅可以避免输入错误，同时也减少了输入量(见图 4.25 所示)。

注意：窗体中的列表框可以包含一列或几列数据，用户只能从列表中选择值，而不能输入新值。而使用组合框既可以进行选择，也可以输入数据，这也是组合框和列表框的区别。

(6) 命令按钮控件

命令按钮控件 ![] 可以通过"单击"事件代码实现诸如"确定"、"取消"、"关闭"、"查询"等操作功能。Access 为创建命令按钮提供了向导。命令按钮向导提供了多组常用的命令操作，如"记录定位"、"记录操作"、"窗体操作"等，用户只需在向导中选择所需的操作，系统将自动产生完成此操作相应的代码。如需创建向导没有的操作命令按钮，可以在"选择生成器"对话框(如图 4.26 所示)中选择"代码生成器"选项，单击"确定"按钮打开编写事件代码窗口，如图 4.27 所示。

图 4.26 "选择生成器"对话框

图 4.27 代码编写窗口

(7) 选项卡控件

选项卡控件☐也称页,用于创建一个多页的选项窗体或选项卡对话框,这样可以在有限的空间内显示更多的内容或实现更多的功能,并且可以避免在不同窗口之间切换的麻烦。选项卡控件是一个容器控件,可以放置其他控件,也可以放置创建好的窗体,如图 4.28 所示。

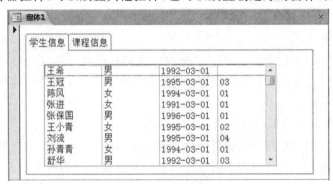
图 4.28 选项卡控件

(8) 图像控件

在窗体中显示图形时要使用图像控件。图像控件包括图片、图片类型、超链接地址、可见性、位置及大小等属性,设置时用户可以根据需要进行调整。

4.3.3 常用控件的使用

使用"设计视图"设计窗体时,会根据需要用到各种不同的控件。下面分别结合实际介绍常用控件的使用方法。

1. 控件的基本操作

Access 窗体中的每个控件都是一个独立的对象,用户可以通过单击选择控件,也可以用鼠标拖曳以调整控件的大小和移动控件。如果要删除控件,可以在选中控件之后按 Delete

键,也可以右键单击控件后在下拉菜单中选择"删除"命令。

2. 创建绑定型文本框控件

【例 4.9】 以"学生信息"表作为数据源创建窗体,命名为"学生基本情况",要求窗体中包含"学号"、"姓名"、"性别"和"出生日期"四个字段。

具体操作步骤如下。

(1) 打开"学籍管理"数据库。

(2) 单击"创建"选项卡,然后单击"窗体"组中的"窗体设计"按钮,打开窗体设计视图。

(3) 单击"工具"组中的"添加现有字段"按钮,右侧出现"字段列表"窗格。单击"显示所有表"按钮,列出了"学籍管理"数据库中的所有表。单击"学生信息"表前的"+"号,展开该表中所有字段。将"学号"、"姓名"、"性别"和"出生日期"字段拖放到窗体的适当位置,即创建了四个"绑定型文本框",如图 4.29 所示。

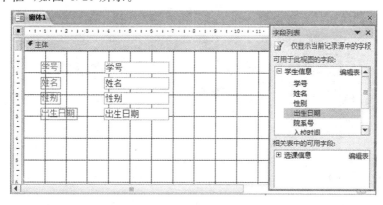

图 4.29 在窗体中创建"绑定型文本框"控件

(4) 保存并将窗体命名为"学生基本情况",切换到窗体视图,如图 4.30 所示。

图 4.30 "学生基本情况"窗体视图

3. 创建标签控件

【例 4.10】 为"学生基本情况"窗体添加标题"学生基本信息"。

具体操作步骤如下。

(1) 打开"学生基本情况"窗体的设计视图。

(2) 右键单击主体节任意处,在弹出的快捷菜单中选择"窗体页眉/页脚"命令,显示出窗体页眉节和窗体页脚节。

(3) 单击"控件"组中的标签控件,然后单击窗体页眉节适当位置,添加一个标签控件,并输入标签内容"学生基本信息",如图4.31所示。

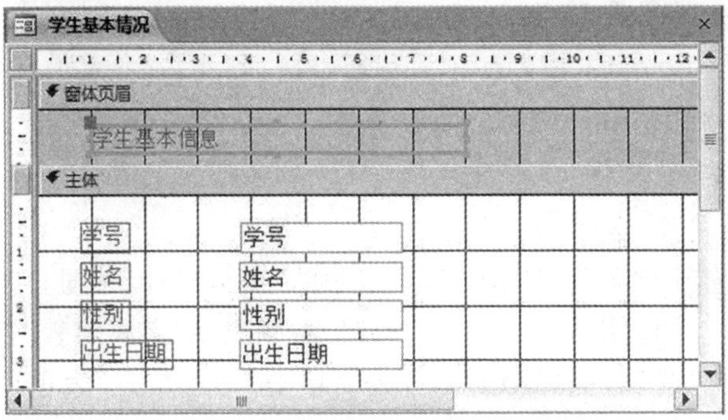

图4.31 在窗体页眉节添加标签控件

(4)保存窗体,切换到窗体视图,如图4.32所示。

图4.32 "学生基本情况"窗体视图

4. 创建选项组控件

【例4.11】 为"学生基本情况"窗体添加"院系号",使用选项组来表示该字段,如图4.33所示。

图4.33 创建选项组控件示意图

具体操作步骤如下。

(1)打开"学生基本情况"窗体的设计视图。

(2)单击"控件"组中控件右侧的下拉按钮,在弹出的快捷菜单中单击"使用控件向导"按钮,确保该按钮呈选中状态。然后单击"控件"组中的"选项组"按钮,在窗体适当位置单击鼠标左键,弹出"选项组向导"第一个对话框。在"请为每个选项指定标签"列表中输入"01"、"02"、"03"、"04"作为选项组每个选项的标签名称,如图4.34所示。

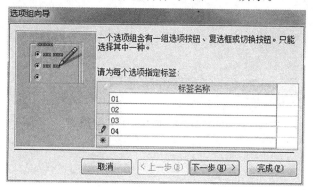

图 4.34　设置选项组标签名称

（3）单击"下一步"按钮,确定某选项成为默认选项。设置"01"为默认选项,如图4.35所示。

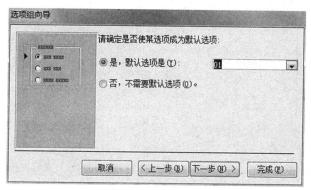

图 4.35　设置默认选项

（4）单击"下一步"按钮,在"请为每个选项赋值"列表中为每个选项赋值,这里选择系统默认的值,如图4.36所示。

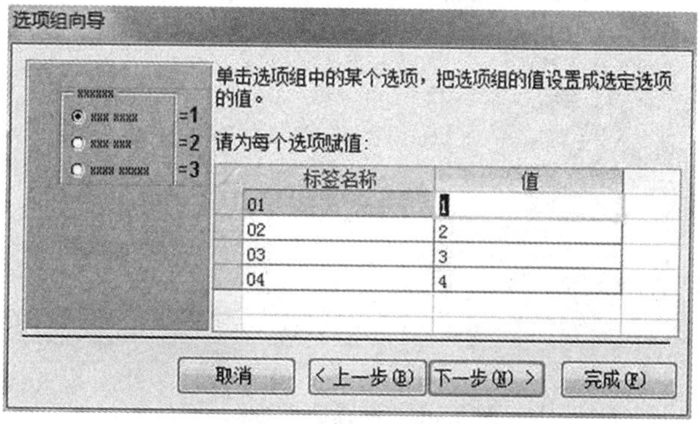

图 4.36　为每个选项赋值

(5)单击"下一步"按钮,在"请确定对所选项的值采取的动作"组中指定"院系号"为值的保存字段,如图 4.37 所示。

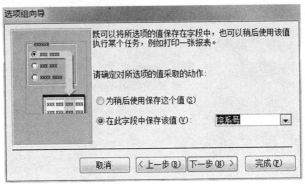

图 4.37 设置保存的字段

(6)单击"下一步"按钮,在"请确定在选项组中使用何种类型的控件"组中选择所建控件的类型为选项按钮,并选定式样,如图 4.38 所示。

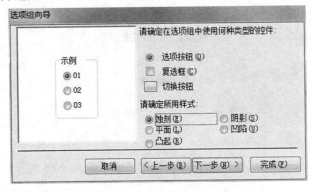

图 4.38 设置控件类型和样式

(7)单击"下一步"按钮,在"请为选项组指定标题"文本框中输入"院系号"作为选项组的标题,如图 4.39 所示。

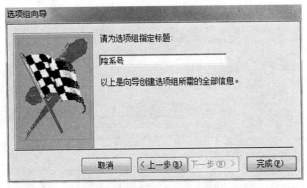

图 4.39 设置选项组标题

(8) 单击"完成"按钮,完成选项组的设置。窗体的设计视图如图 4.40 所示。

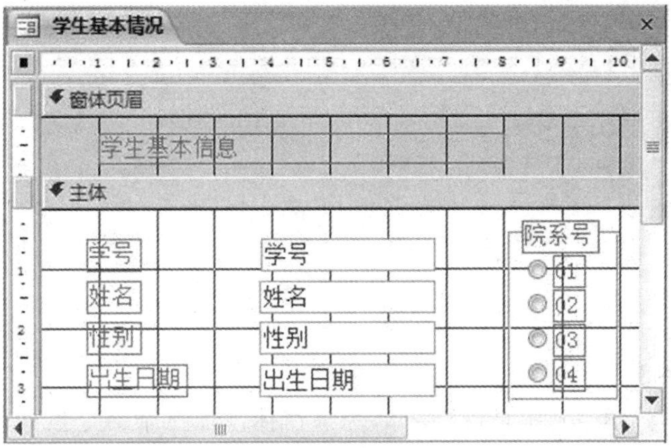

图 4.40 添加了选项组的窗体设计视图

5. 创建绑定型列表框与组合框控件

【例 4.12】 在"学生基本情况"窗体添加"性别"字段,用列表框来显示,列表框中的选项为"党员"和"非党员";将"院系号"字段改为用绑定型组合框来显示,下拉式列表框中显示值"01"、"02"、"03"、"04"。

具体操作步骤如下。

(1) 打开"学生基本情况"窗体的设计视图。

(2) 删除窗体中的"院系号"选项组,确保"使用控件向导"按钮呈选中状态。单击"控件"组中的"列表框"按钮,然后在窗体适当位置单击鼠标,在弹出的"列表框向导"的第一个对话框中选择"自行键入所需的值"选项,如图 4.41 所示。

(3) 单击"下一步"按钮,在"列表框向导"第二个对话框中分别输入"党员"、"非党员"作为列表框的值,如图 4.42 所示。

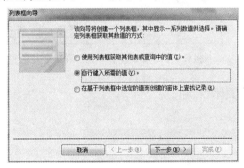

图 4.41 "列表框向导"第一个对话框

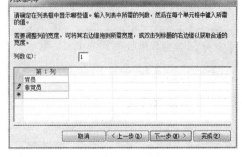

图 4.42 "列表框向导"第二个对话框

(4) 单击"下一步"按钮,在"列表框向导"第三个对话框中指定将该值保存到"党员否"字段中。单击"下一步"按钮,在"列表框向导"第四个对话框中输入"党员否"作为列表框的标签,最后单击"完成"按钮完成列表框设置。

(5) 单击"控件"组中的"组合框"按钮,然后在窗体上单击要放置"组合框"的位置,具体创建过程同列表框。

(6)保存所创建的窗体,窗体的设计视图如图4.43所示。

图4.43　窗体设计视图

6. 创建命令控件

【例4.13】　现有"学生基本情况"窗体,为该窗体添加三个命令按钮,分别用来执行显示下一条记录、上一条记录和关闭窗口。

具体操作步骤如下。

(1)打开"学生基本情况"窗体设计视图。

(2)确保"使用控件向导"按钮呈选中状态。单击"控件"组中的"命令"按钮,然后在窗体适当位置单击鼠标,弹出"命令按钮向导"第一个对话框。在"类别"列表中单击"记录导航"选项,在"操作"列表中单击"转至下一项记录"选项,如图4.44所示。

(3)单击"下一步"按钮,弹出"命令按钮向导"第二个对话框。单击"文本"选项按钮,在其后的文本框中输入"下一条",如图4.45所示。

图4.44　"命令按钮向导"第一个对话框

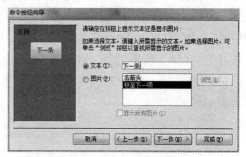

图4.45　"命令按钮向导"第二个对话框

(4)重复步骤(2)和(3),创建"上一条"和"关闭"按钮。

(5)保存所修改的窗体,效果如图4.46所示。

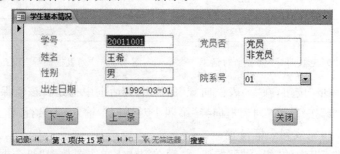

图4.46　窗体视图

7. 创建选项卡控件

【例 4.14】 创建"课程统计信息"窗体,窗体包含两部分:课程信息统计和选课信息统计。具体操作步骤如下。

(1) 打开"学籍管理"数据库,单击"创建"选项卡,然后单击"窗体"组中的"窗体设计"按钮,打开窗体的设计视图。

(2) 单击"控件"组中的"选项卡"按钮,然后在窗体适当位置单击鼠标,添加选项卡控件。单击"工具"组中的"属性表"按钮,打开"属性表"窗口。

(3) 单击选项卡"页1",单击"属性表"窗口中的"全部"选项卡。在"标题"行中输入"课程信息统计"。同理,将"页2"的"标题"设置为"选课信息统计",结果如图 4.47 所示。

图 4.47 "页1"和"页2"标题属性的设置

(4) 单击选项卡"课程信息统计",确保"使用控件向导"按钮呈选中状态。单击"控件"组中的"列表框"按钮,然后在"课程信息统计"页中单击鼠标,在弹出的"列表框向导"的第一个对话框中选择"使用列表框获取其他表或查询中的值"选项,如图 4.48 所示。

(5) 单击"下一步"按钮,弹出"列表框向导"的第二个对话框。选择"表:课程信息"作为列表框的数据源,如图 4.49 所示。

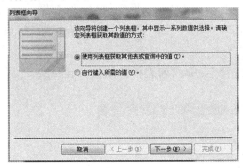 

图 4.48 "列表框向导"第一个对话框　　图 4.49 "列表框向导"第二个对话框

(6) 单击"下一步"按钮,弹出"列表框向导"的第三个对话框。单击 >> 按钮,将"课程信息"表中的所有字段移动到"选定字段"列表中,如图 4.50 所示。

(7) 单击"下一步"按钮,弹出"列表框向导"的第四个对话框。将"课程编号"设置为排序字段,如图 4.51 所示。

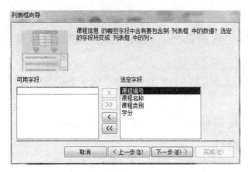

图 4.50　"列表框向导"第三个对话框　　　　图 4.51　"列表框向导"第四个对话框

（8）单击"下一步"按钮，弹出"列表框向导"的第五个对话框，取消选项"隐藏键列"，如图 4.52 所示。

（9）单击"下一步"按钮，弹出"列表框向导"的第六个对话框，按照默认选项不做设置，如图 4.53 所示。

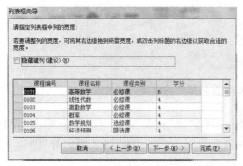 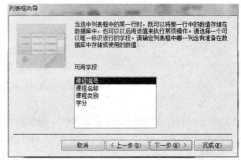

图 4.52　"列表框向导"第五个对话框　　　　图 4.53　"列表框向导"第六个对话框

（10）单击"完成"按钮，在"课程信息统计"页上添加了"列表框"。删除列表框的标签"课程信息"，并调整列表框的大小。单击"属性表"窗口中的"全部"选项卡，将"列标题"行设置为"是"，以便显示列表中每一列的标题。

（11）依照步骤（3）～（10）创建"选课信息统计"页中的列表框。切换到窗体视图，结果如图 4.54 所示。

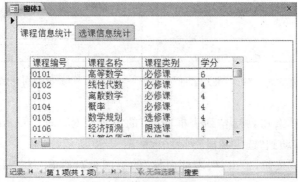

图 4.54　窗体视图

8. 创建图像控件

创建图像控件可以使窗体更为美观大方,其操作方法和其他大部分控件的创建方法类似。添加图像控件的具体操作步骤如下。

(1) 在窗体设计视图中,单击"创建"选项卡,然后单击"控件"组中的"图像"按钮,在窗体上单击要放置图片的位置,弹出"插入图片"对话框。

(2) 在"插入图片"对话框中找到并选中要使用的图片文件,单击"确定"按钮。调整图片大小,直到合适为止。

4.3.4 窗体和控件的属性

每个窗体和控件都具有各自不同的属性,这些属性决定了窗体和控件的特性。只有一个属性是每一个窗体控件都拥有且含义相同的,即"名称"属性。它的作用是给控件命名,每个控件的"名称"必须是唯一的。下面介绍窗体和控件常用的属性设置。

1. "属性表"窗口

在窗体的"设计视图"中,单击"设计"选项卡,然后单击"工具"组中的"属性表"按钮,打开"属性表"窗口,该窗口由标题栏、下拉列表、选项卡和属性列表四部分组成,如图 4.55 所示。

图 4.55 "属性表"窗口

"属性表"窗口各部分作用如下。

(1) 标题栏

标题栏用于显示当前所选定对象的名称。

(2) 下拉列表

下拉列表位于对话框的左上方,包含了当前窗体本身和窗体上所有的控件对象。从中可以选择要设置属性的对象,也可以直接在窗体上选中对象,列表框将显示被选中对象的控件名称。

(3) 选项卡

属性对话框包含五个选项卡,分别是"格式"、"数据"、"事件"、"其他"和"全部"。

① "格式":包含了窗体或控件的外观属性。

② "数据":包含了与数据源、数据操作相关的属性。
③ "事件":包含了窗体或当前控件能够响应的事件。
④ "其他":包含了"名称"和"制表位"等其他属性。
⑤ "全部":列出对象的全部属性和事件。

(4) 属性列表

属性列表包括属性名称和属性值两列,左侧是属性名称,右侧是属性值。设置属性值的方法如下。

① 单击要设置的属性,在属性框中直接输入属性值或表达式。
② 如果属性框中显示有向下箭头的按钮,可以单击该按钮并从下拉列表中选择一个数值。
③ 如果属性框右侧显示"生成器"按钮,单击该按钮,将弹出一个生成器或显示一个可用以选择生成器的对话框,通过该生成器可以设置其属性。

2. 常用的格式属性

格式属性用来设置窗体和控件的显示格式和外观,这些属性可以在属性对话框的"格式"选项卡中设置。

(1) 窗体常用的格式属性

① 标题:在窗体标题栏上显示的内容。
② 默认视图:窗体的显示形式。
③ 滚动条:设置窗体中是否显示滚动条,有"两者均无"、"水平"、"垂直"和"水平和垂直"四个选项。
④ 记录选择器、导航按钮、分隔线、关闭按钮:包含"是"和"否"两个属性值,分别设置窗体中是否显示记录选择器、浏览按钮、各节之间的分隔线和关闭按钮。
⑤ 最大、最小化按钮:设置窗体中是否使用 Windows 标准的最大化和最小化按钮。
⑥ 边框样式:设置窗体的边框显示样式,有"无"、"细边框"、"可调边框"、"对话框边框"四个选项。
⑦ 图片:将一张图片设置为窗体的背景。

(2) 控件的格式属性

① 标题:用于设置控件中显示的文字。
② 前景色:设置控件的文字颜色。
③ 背景色:设置控件的底色。
④ 特殊效果:用于设定控件的显示效果,如"平面"、"凸起"、"凹陷"、"蚀刻"、"阴影"和"凿痕"等。
⑤ 字体名称、字号、文字粗细、倾斜字体、下划线:设置控件中显示的文字的格式。
⑥ 上边距、左:设置控件与窗体上边界、左边界的距离。
⑦ 宽度、高度:设置控件的宽度、高度。
⑧ 可见:设置切换到"窗体视图"后,控件是否可见。
⑨ 文本对齐:设置文字在控件中的对齐方式。

【例 4.15】 按以下要求设置"学生信息"窗体。

① 将窗体的标题设置为"学生信息";设置窗体不显示滚动条、记录选择器、导航按钮、分

隔线和最大、最小化按钮;窗体的边框设置为"细边框"。

② 在窗体页眉区插入一个标签控件,显示"学生信息"。将字体设置为"黑体、20 号字、加粗、倾斜";给文字加下划线、居中对齐;文字颜色设置为"红色";上边距、左边距分别为"0.3cm"、"3cm"。

具体操作步骤如下。

(1)打开"学生信息"窗体的设计视图,单击窗体选择器。打开"属性表"窗口,单击"格式"选项卡,按照要求① 的内容设置窗体的属性,如表 4.1 所示。

表 4.1 窗体属性设置

属性名称	属性值	属性名称	属性值	属性名称	属性值
标题	学生信息	滚动条	两者均无	记录选择器	否
导航按钮	否	分隔线	否	最大、最小化按钮	无
边框样式	细边框				

(2)在窗体页眉节区插入一个标签控件,其属性设置如表 4.2 所示。

表 4.2 标签属性设置

属性名称	属性值	属性名称	属性值	属性名称	属性值
标题	学生信息	字体名称	黑体	字号	20
字体粗细	加粗	倾斜字体	是	下划线	是
文本对齐	居中	前景色	255	上边距	0.3cm
左	3cm				

(3)切换到窗体视图,结果如图 4.56 所示。

图 4.56 "学生信息"窗体视图

3. 与数据有关的属性

数据属性在属性对话框的"数据"选项卡中设置。

(1)窗体常用的数据属性

窗体常用的数据属性有"记录源"、"排序依据"、"允许编辑"、"允许添加"、"允许删除"、"数据输入"等,如图 4.57 所示。

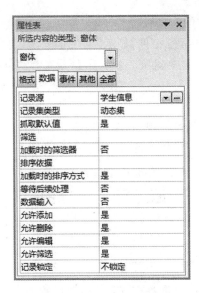

图 4.57 窗体数据属性

(2) 控件常用的数据属性

控件的"数据"属性有"控件来源"、"输入掩码"、"有效性规则"、"有效性文本"、"默认值"、"是否有效"和"是否锁定"等。

① 控件来源:指定一个字段或表达式作为数据源。如果控件来源中包含一个字段名,那么控件中显示的就是数据表中该字段的值,对窗体中的数据进行的任何修改都将被写入字段中;如果设置该属性值为空,除非编写了一个程序,否则在窗体控件中显示的数据将不会被写入数据库表的字段中;如果该属性含有一个计算表达式,那么这个控件会显示计算的结果。

② 输入掩码:指定控件的输入格式,该属性仅对文本型或日期型数据有效。

③ 有效性规则:设置在控件中输入数据时进行合法性检查的表达式,该表达式可以利用表达式生成器向导建立。

④ 有效性文本:指定当前输入的数据不符合有效性规则时显示的提示信息。

⑤ 默认值:指定计算型控件或非绑定型控件的初始值,可以利用表达式生成器向导建立。

⑥ 可用:指定切换到窗体视图后控件是否有效。如果设置为"否",则该控件在窗体视图中显示为灰色,不能用 Tab 键选中它或用鼠标单击它。

⑦ 是否锁定:属性值为"是"或"否",确定是否允许在窗体运行时接收编辑控件中显示的数据。

【例 4.16】 将图 4.56 所示的窗体中的"出生日期"改为"年龄",年龄由出生日期计算得出。

具体操作步骤如下。

(1) 打开图 4.46 所示的窗体的"设计视图",选中"出生日期"标签,将其标题设置为"年龄"。

(2) 选定该标签后的文本框,单击"数据"选项卡,单击"控件来源"栏,输入计算年龄的公式:"=year(date())-year([出生日期])",设置结果如图 4.58 所示。

(3) 切换到窗体视图,结果如图 4.59 所示。

图 4.58 "控件来源"属性设置结果　　图 4.59 "控件来源"属性设置结果

4. 常用的其他属性

"其他"属性在属性对话框的"其他"选项卡中设置,这里表示了控件的附加特征,常用的属性包括"名称"、"状态栏文字"、"自动 Tab 键"和"控件提示文本"等,如图 4.60 所示。

图 4.60 属性对话框的"其他"选项卡

注意:窗体中的每一个对象都有一个名称,若在程序中指定或使用某一个对象,可以使用这个名称。控件的名称必须是唯一的。

4.4 修饰窗体

在首次创建窗体之后,窗体的格式和布局等方面往往不能令人满意。为了让所设计的窗体更加美观和人性化,需要进一步对窗体加以修饰。有时可能还要扩充窗体的功能,使其适应特殊的应用。

4.4.1 使用主题

主题是系统提供的一组窗体显示风格,是一套统一的设计元素和配色方案,用于修饰窗体。在窗体的"设计视图"中,单击"窗体设计工具"选项卡的"设计"子选项卡,在"主题"组中包含了三个与主题相关的按钮,分别是"主题"、"颜色"、"字体"。

【例4.17】 设置"学生信息"窗体(如图4.61所示)的主题。

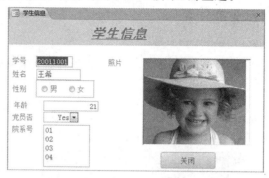

图4.61 "学生信息"窗体

具体操作步骤如下。

(1)打开"学籍管理"数据库,切换到"学生信息"窗体的设计视图。

(2)单击"设计"选项卡,然后单击"主题"组中的"主题"按钮,打开"主题"列表,选择"行云流水"主题,如图4.62所示。

(3)切换到窗体视图,可以看到窗体页眉颜色、按钮颜色、字体等风格的变化,如图4.63所示。

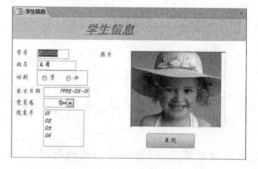

图4.62 "主题"列表　　　　图4.63 设置完成后的窗体视图

4.4.2 使用条件格式

使用条件格式,可以根据控件的不同值,按照某个条件设置相应的显示格式。

【例 4.18】 设置"院系"窗体的条件格式,使得不同的"性别"字段能用不同的底色和字体颜色显示。"性别"字段为"男",则用蓝底白字显示;"性别"字段为"女",则用黄底黑字显示,如图 4.64 所示。

图 4.64 "院系"窗体

具体操作步骤如下。

(1) 打开"学籍管理"数据库,切换到"院系"窗体的设计视图,选中"性别"字段的文本框控件。

(2) 单击"格式"选项卡,然后单击"控件格式"组中的"条件格式"按钮,弹出"条件格式规则管理器"对话框,如图 4.65 所示。

图 4.65 "条件格式规划管理器"对话框

(3) 单击"新建规则"按钮,弹出"新建格式规则"对话框。将三个组合框分别设置为"字段值"、"等于"、"男",底色为"蓝色",字体颜色为"白色",如图 4.66 所示,单击"确定"按钮,成功设置第一个条件。

(4) 再次单击"新建规则"按钮,弹出"新建格式规则"对话框。三个组合框分别设置为"字段值"、"等于"、"女",底色为"黄色",字体颜色为"黑色",如图 4.67 所示,单击"确定"按钮,成功设置第二个条件。

图 4.66 第一个条件及条件格式设置

图 4.67 第二个条件及条件格式设置

（5）设置完两个条件格式的"条件格式规则管理器"对话框，如图 4.68 所示。单击"确定"按钮，切换到窗体视图，此时"院系"窗体如图 4.69 所示。

图 4.68 设置后的"条件格式规则管理器"　　　图 4.69 设置完成后的窗体视图

4.4.3 添加当前日期和时间

在 Access 中，系统还提供了多种美化窗体的功能，如在设计窗体时为多页窗体添加页码、在窗体中添加当前日期和时间等，可以利用这些功能进一步美化窗体，根据需要进行添加和设置。

【例 4.19】 为"学生信息"窗体添加当前日期和时间。

具体操作步骤如下。

（1）打开"学籍管理"数据库，在窗体的设计视图中打开"学生信息"窗体，以便为其添加当前日期和时间。

（2）单击"设计"选项卡，单击"页眉/页脚"组中的"日期和时间"按钮，弹出"日期和时间"对话框。勾选"包含日期"复选框，并选中相应格式的日期单选按钮。再勾选"包含时间"复选框，并选中相应时间格式的单选按钮，如图 4.70 所示。

（3）单击"确定"按钮，完成设置。切换到窗体视图，如图 4.71 所示。

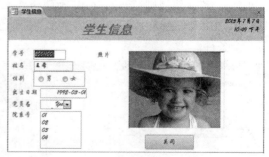

图 4.70 "时间和日期"对话框　　　图 4.71 添加完时间控件的窗体

4.4.4 调整窗体布局

为了使窗体更加整齐、美观,需要调整窗体控件的布局方式,包括调整控件的大小或位置,排列或对齐控件等。

【例 4.20】 如图 4.72 所示为"窗体 1"的设计视图,按以下要求进行操作。

① 将 B 的左边距和尺寸调整为与 A 一致,B 与 A 下边沿的距离是 1 厘米。

② 将 C、D 与 A 下边沿对齐,并使得 A、B 和 C 在水平方向平均分布。

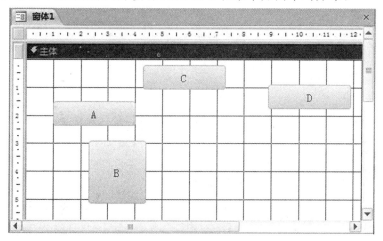

图 4.72 窗体 1 的"设计视图"

具体操作步骤如下。

(1) 在设计视图中打开"窗体 1",选定 B 控件。打开"属性表"窗口,参照 A 的"左"、"高度"、"宽度"等属性值,设置 B 相关属性与其相等。

(2) 设置 B 的"上边距"属性,其值为"A 的上边距+A 的高度+1"。

(3) 同时选中 A、C 和 D,单击"排列"选项卡,单击"调整大小和排序"组中的"对齐"按钮,弹出如图 4.73 所示的下拉菜单,该菜单包含了"对齐网格"、"靠左"、"靠右"、"靠上"和"靠下"五种对齐方式,选择"靠下"选项。单击"大小/空格"按钮,在下拉菜单中选择"水平相等"项,运行该窗体的效果如图 4.74 所示。

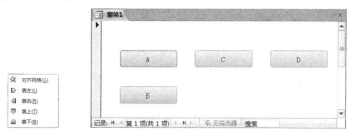

图 4.73 对齐控件　　图 4.74 设置完成的窗体 1

本章小结

本章重点讲解了窗体的基本操作,包括窗体的创建和设置、主要窗体控件的作用及其创建方法、窗体修饰的技巧等内容。其中使用向导创建 Access 窗体、使用窗体设计视图创建 Access 窗体和主/子窗体的设计方法等内容是上机题中的重要考点,读者应能熟练操作。

真题演练

(1) 在 Access 数据库中,用于输入或编辑字段数据的交互控件是(   )。(2006 年 9 月)
A. 文本框　　　　B. 标签　　　　C. 复选框　　　　D. 组合框
【答案】A
【解析】文本框控件用于显示、输入和编辑窗体的基础记录源数据,显示计算结果,或接收用户输入的数据。

(2) 在窗体设计工具箱中,代表组合框的图标是(   )。(2008 年 9 月)
A. ⦿　　　　B. ☑　　　　C. ▭　　　　D. ▤
【答案】D
【解析】选项 A 为单选按钮;选项 B 为复选框;选项 C 为按钮;选项 D 为组合框。

(3) 若在"销售总数"窗体中有"订货总数"文本框控件,能够正确引用控件值的是(   )。(2010 年 9 月)
A. Forms.［销售总数］.［订货总数］　　　B. Forms!［销售总数］.［订货总数］
C. Forms.［销售总数］!［订货总数］　　　D. Forms!［销售总数］!［订货总数］
【答案】D
【解析】引用窗体的控件值的格式为 Forms!［窗体名］!［控件名］或［Forms］!［窗体名］!［控件名］。

(4) 在下图所示的窗体中,有一个标有"显示"字样的命令按钮(名称为 Command1)和一个文本框(名称为 Text1)。当单击命令按钮时,将变量 sum 的值显示在文本框内,则正确的代码是(   )。(2008 年 9 月)

A. Me！Text1.Caption=sum B. Me！Text1.Value=sum
C. Me！Text1.Text=sum D. Me！Text1.Visible=sum

【答案】B

【解析】显示文本框控件的值为控件名称.Value＝值。

(5) Access 的控件对象可以设置某个属性来控制对象是否可用(不可用时显示为灰色)，需要设置的属性是(　　)。(2006 年 4 月)

A. Default B. Cancel C. Enabled D. Visible

【答案】C

【解析】"Enabled"属性用来设置对象是否可用，"Visible"属性用来设置对象是否可见。

巩固练习

(1)在 Access 中，可用于设计输入界面的对象是(　　)。

A. 窗体　　　B. 报表　　　C. 查询　　　D. 表

(2)在教师信息输入窗体中，为职称字段提供"教授"、"副教授"、"讲师"等选项供用户直接选择，最合适的控件是(　　)。

A. 标签　　　B. 复选框　　　C. 文本框　　　D. 组合框

(3)在 Access 中为窗体上的控件设置 Tab 键的顺序，应选择"属性"对话框的(　　)。

A. "格式"选项卡 B. "数据"选项卡
C. "事件"选项卡 D. "其他"选项卡

(4)如果在文本框内输入数据后，按 Enter 键或按 Tab 键，输入焦点可立即移至下一指定文本框，应设置的属性是(　　)。

A. "制表位"属性 B. "Tab 键索引"属性
C. "自动 Tab 键"属性 D. "Enter 键行为"属性

(5)确定一个窗体大小的属性是(　　)。

A. Width 和 Height

B. Width 和 Top

C. Top 和 Left

D. Top 和 Height

(6)要使窗体上的按钮运行时不可见，需要设置的属性是(　　)。

A. Enable　　　B. Visible　　　C. Default　　　D. Cancel

(7)如果要在文本框中输入字符时达到密码显示效果，如星号(＊)，应设置文本框的属性是(　　)。

A. Text　　　B. Caption　　　C. InputMask　　　D. PasswordChar

(8)下列关于窗体的叙述中，正确的是(　　)。

A. 窗体只能用作数据的输出界面

B. 窗体可设计成切换面板形式，用以打开其他窗体

C. 窗体只能用作数据的输入界面

D. 窗体不能用来接收用户的输入数据

(9)打开窗体时,首先发生的事件是( )。

A. 加载(Load) B. 打开(Open)

C. 激活(Activate) D. 成为当前(Current)

(10)下列关于列表框和组合框的叙述中,正确的是( )。

A. 列表框只能选择定义好的选项;组合框既可以选择选项,也可以输入新值

B. 组合框只能选择定义好的选项;列表框既可以选择选项,也可以输入新值

C. 列表框和组合框在功能上完全相同,只是在窗体显示时外观不同

D. 列表框和组合框在功能上完全相同,只是系统提供的控件属性不同

(11)已知该窗体对应的数据源中包含教工编号、参加工作时间、姓名、工资等字段,则下列选项中能够计算职工工龄的计算表达式是( )。

A. ＝year(date())－year([参加工作时间])

B. ＝♯year(date())♯－♯year(参加工作时间)♯

C. ＝♯time(date())♯－♯time(参加工作时间)♯

D. ＝time(date())－time([参加工作时间])

(12)在窗体中抬起鼠标按钮,触发的事件是( )。

A. Form_MouseDown B. Form_MouseUp

C. Form_MouseOver D. Form_MouseLeave

第 5 章 报 表

报表是用户指定的一种设计输出格式,它能够以直观的方式显示和打印输出数据的内容。报表的数据来源与窗体相同,可以是已有的数据表、查询或是新建的 SQL 语句。与窗体不同的是报表只能查看数据,不能修改或输入数据。

本章主要介绍报表的创建、设计、分组及存储、打印等操作。

5.1 认识报表

5.1.1 报表的基本概念和功能

1. 报表的概念

报表是 Access 提供的一种对象。报表对象用于将数据库中的数据以格式化的形式显示和打印输出。

Access 2010 的报表有设计视图、报表视图、打印预览和布局视图四种视图。在设计视图中可以创建和编辑报表的结构;报表视图可以显示报表;打印预览可以查看报表的页面打印输出形态;布局视图中具有一些参考线,可将控件沿水平方向和垂直方向对齐,使报表具有一致的外观。

2. 报表的功能

窗体和报表都可以用来维护数据库中的事件,但两者的目的不同。窗体主要用于数据输入和编辑,而报表则用于数据的查阅和统计。

具体来说,报表具有以下几个功能。

① 格式化数据。

② 对数据进行分组、排序。

③ 输出标签、发票、订单和信封等多种样式的报表。

④ 进行统计计算,计数、求平均值、求和等。

⑤ 嵌入图像或图片。

5.1.2 报表设计视图

在 Access 中,报表与窗体类似,是按节设计的,它的设计视图主要由五个基本节构成,分别是报表页眉、报表页脚、页面页眉、页面页脚和主体,如图 5.1 所示。另外,如果需要,报表还可以设置组页眉或组页脚,以实现分组显示和统计输出。

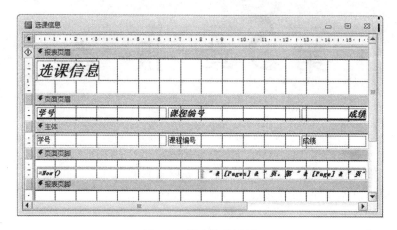

图 5.1　报表设计视图

（1）报表页眉节

报表页眉是整个报表的开始部分，它位于报表的顶端，一般用大号字体将报表的标题放在报表页眉的一个标签控件中。用户可以在报表页眉中输出任何内容，也可以通过设置改变其显示效果。

（2）页面页眉节

页面页眉中的标题将输出显示在每一页上，一般位于每页的顶端。页面页眉通常用来显示数据的列标题。

（3）主体节

报表中最主要的数据输出内容和格式是在主体节中定义的，主体节中的字段通过控件来绑定显示，这些字段中可以包含通过计算得到的字段数据。一个报表不能没有主体节，报表的类型就是根据主体节内字段数据显示位置的不同而划分的。

（4）页面页脚节

页面页脚节一般位于报表的每一页的底部，用来显示本页的汇总说明。页面页脚区域常用于放置页码等内容。

（5）报表页脚节

报表页脚区域中的文本框或控件可以输出整个报表的计算汇总或他的统计信息。报表页脚节一般出现在报表的最后面，当所有的主体和组页脚输出完成后，报表页脚节才会输出。

（6）组页眉节和组页脚节

根据需要，在报表五个基本节区域的基础上，还可以设置"组页眉/组页脚"区域，以实现报表的分组输出和分组统计。其中组页眉节主要安排文本框或其他类型控件以输出分组字段等数据信息；组页脚节主要安排文本框或其他类型控件显示分组统计信息。组页眉和组页脚都可以单独设置使用。

例如，在"学生成绩统计"报表设计视图中用学生的"学号"进行分组统计，如图 5.2 所示。在该报表的设计视图中，可以看到"学号"组页眉和"学号"组页脚。报表的显示效果如图 5.3 所示。

图 5.2 "学生成绩统计"报表设计视图

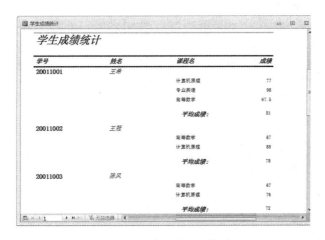

图 5.3 报表的分组与统计

5.2 创建报表

在 Access 2010 数据库中,可以通过五种方式创建报表。单击"创建"选项卡,在"报表"组中可以看到"报表"、"报表设计"、"空报表"、"报表向导"和"标签"命令,如图 5.4 所示。

图 5.4 报表的创建方式

其中,"报表设计"是通过报表设计视图来创建报表,是最常用的方法;"报表"是用当前打开的表或者查询自动创建报表;"空报表"是创建一空白报表,再将选定的字段添加进去;"报表向导"是使用"向导"功能快速创建报表;"标签"是使用"标签向导"功能快速创建标签报表。

5.2.1 使用"报表向导"创建报表

创建报表最简单的方法是使用"报表向导"。在"报表向导"中,可选择在报表中需要显示的信息,并从多种格式中选择一种格式以确定报表外观。用户可以用"报表向导"选择希望在报表中看到的指定字段,这些字段允许来自多个表和查询,向导最终会按照用户选择的布局和格式建立报表。

【例 5.1】 以"学籍管理"数据库中的"学生信息"表为基础,利用报表向导创建"学生基本信息"报表。

具体操作步骤如下。

(1)打开"学籍管理"数据库。单击"创建"选项卡,然后单击"报表"组中的"报表向导"按钮,弹出"报表向导"第一个对话框。在"表/查询"文本框中选择"学生信息"表作为报表的记录源;在左侧的"可用字段"列表中,双击"学号"、"姓名"、"性别"、"出生日期"和"院系号"五个字段,将其添加到右侧的"选定字段"列表中,如图 5.5 所示。

(2)单击"下一步"按钮,弹出"报表向导"第二个对话框。在"是否添加分组级别"列表内,选择"性别"为分组字段,如图 5.6 所示。

图 5.5 "报表向导"第一个对话框

图 5.6 "报表向导"第二个对话框

(3)单击"下一步"按钮,弹出"报表向导"第三个对话框。在"请确定明细记录使用的排序次序"界面中选择按"学号"字段升序排序,如图 5.7 所示。

(4)单击"下一步"按钮,弹出"报表向导"第四个对话框。选择报表的布局,这里选择"递阶"、"纵向"显示,如图 5.8 所示。

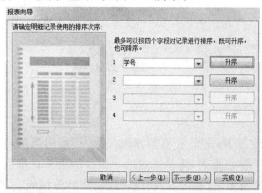
图 5.7 "报表向导"第三个对话框

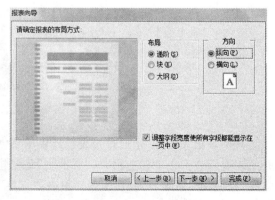
图 5.8 "报表向导"第四个对话框

(5) 单击"下一步"按钮,弹出"报表向导"最后一个对话框,确定报表标题为"学生基本信息",如图 5.9 所示。

(6) 单击"完成"按钮,完成"学生基本信息"报表的创建,结果如图 5.10 所示。

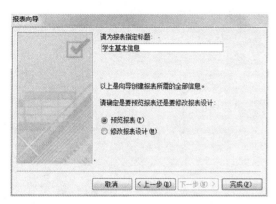

图 5.9 "报表向导"最后一个对话框

图 5.10 学生基本信息报表

5.2.2 使用"报表"工具创建报表

"报表"工具是使用当前打开的表或者查询自动创建报表,然后根据实际需要进一步修改完善。

【例 5.2】 以"学籍管理"数据库中的"学生信息"表为基础,利用"报表"工具创建"学生基本信息 1"报表。

具体操作步骤如下。

(1) 打开"学籍管理"数据库。双击打开"学生信息"表,作为即将创建报表的数据源。

(2) 单击"创建"选项卡,单击"报表"组中的"报表"按钮,打开自动创建的报表,此时默认进入报表的布局视图,如图 5.11 所示。

注意:图中右侧竖直虚线表示一页的宽度范围。

图 5.11 自动创建的报表

（3）在布局视图中，可以调整字段的宽度以便所有字段可以在一页内显示。单击任意一行"姓名"字段，将鼠标移动到字段的右侧外框，光标变成"左右箭头"的形状。此时，单击鼠标并左右拖动，调整"姓名"字段的列宽。调整所有字段列宽后的报表如图5.12所示。

图5.12　调整列宽后的报表

（4）保存并将报表命名为"学生基本信息1"。单击"设计"选项卡，然后单击"视图"组中的"视图"下拉按钮，选择"打印预览"选项，结果如图5.13所示。

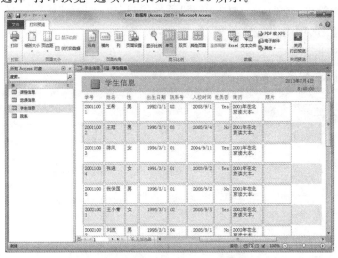

图5.13　报表的打印预览视图

5.2.3　使用"空报表"工具创建报表

使用"空报表"工具创建报表也是另一种灵活方便的方法。

【例5.3】　以"学籍管理"数据库中的"学生信息"表为基础，利用"空报表"工具创建"学生选课信息"报表。

具体操作步骤如下。

（1）打开"学籍管理"数据库。

（2）单击"创建"选项卡，然后单击"报表"组中的"空报表"按钮，打开自动创建的空白报表。此时默认进入报表的布局视图，右侧显示"字段列表"窗格，如图 5.14 所示。

图 5.14　空报表的布局视图

（3）在"字段列表"窗格中，单击"显示所有表"选项，显示出"学籍管理"数据库中的所有表。单击"学生信息"表前的"＋"号，展开该表中所有字段。此时，"字段列表"窗格中显示了三个字段列表窗口，分别是"可用于此视图的字段"、"相关表中的可用字段"和"其他表中的可用字段"。在"可用于此视图的字段"的字段列表中，双击"学号"、"姓名"字段，将这两个字段添加到空报表中，如图 5.15 所示。

图 5.15　添加"学生信息"表中字段

（4）在"相关表中的可用字段"的字段列表中，单击"选课信息"表前的"＋"号，"选课信息"表便移动到"可用于此视图的字段"的字段列表中。双击"课程编号"、"成绩"字段，将这两个字段添加到空报表中，如图 5.16 所示。

图 5.16　添加"选课信息"表中字段

（5）保存并将报表命名为"学生选课信息"。单击"设计"选项卡，然后单击"视图"组中的"视图"下拉按钮，选择"打印预览"选项，结果如图 5.17 所示。

图 5.17　报表的打印预览视图

5.2.4　使用"报表设计视图"创建报表

使用"报表设计视图"创建报表，是最常用、最灵活的创建报表的方法。

【例 5.4】　以"学籍管理"数据库中的"学生信息"表为基础，通过设计视图创建报表"学生基本信息 2"。

具体操作步骤如下。

（1）打开"学籍管理"数据库，单击"创建"选项卡，然后单击"报表"组中的"报表设计"按钮，打开报表设计视图。单击"设计"选项卡，单击"工具"组中的"属性表"按钮，打开"属性表"窗口，如图 5.18 所示。

第 5 章 报表

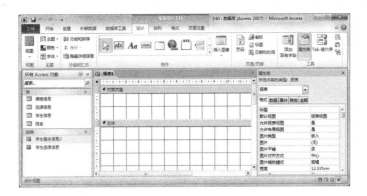

图 5.18 "属性表"窗口

（2）在"属性表"窗口中，单击"数据"选项卡，然后单击"记录源"属性右侧的按钮，打开"查询生成器"窗口，如图 5.19 所示。

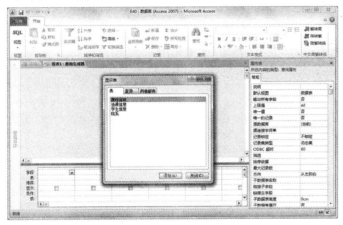

图 5.19 打开"查询生成器"窗口

（3）在弹出的"显示表"对话框中双击"学生信息"表，将其添加到查询生成器中，单击"关闭"按钮。将"学号"、"姓名"、"性别"、"出生日期"字段添加到设计网格中，如图 5.20 所示。

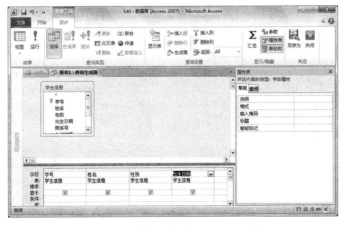

图 5.20 添加在报表中输出的字段

（4）关闭查询生成器,回到报表的"设计视图"窗口。单击"工具"组中的"添加现有字段"按钮,在界面右侧弹出"字段列表"对话框,将字段依次拖入报表"设计视图"的主体节,如图5.21所示。

图 5.21　将字段添加到报表中

（5）保存并将报表命名为"学生基本信息2"。单击"设计"选项卡,然后单击"视图"组中的"视图"下拉按钮,选择"打印预览"选项,结果如图5.22所示。

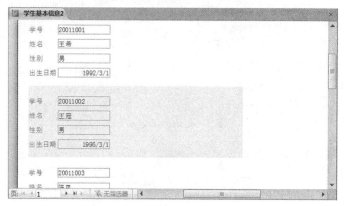

图 5.22　报表的"打印预览"视图

5.3　编辑报表

对于一个已创建的报表,可以对其进行编辑和修改,如添加背景图案、添加日期和时间、添加分页符和页码、使用节、绘制线条和矩形等。

5.3.1　添加背景图案

为了增强报表的显示效果,可以在报表中添加背景图片,具体的操作步骤如下。
（1）打开报表的设计视图,单击左上角"报表选择器"按钮。
（2）打开"属性表"窗口,在"格式"选项卡中设置"图片"属性。插入图片的类型可以为.bmp、.ico、.wmf等。

(3) 设置"图片类型"属性:"嵌入"或者"链接"。
(4) 设置"图片缩放模式"属性:"裁剪"、"拉伸"或者"缩放"。
(5) 设置"图片对齐方式"属性:"左上"、"右上"、"中心"、"左下"或者"右下"。
(6) 设置"图片平铺"属性:"是"或"否"。
(7) 设置其他属性。如图 5.23 所示添加了背景图案的"学生选课信息"报表。

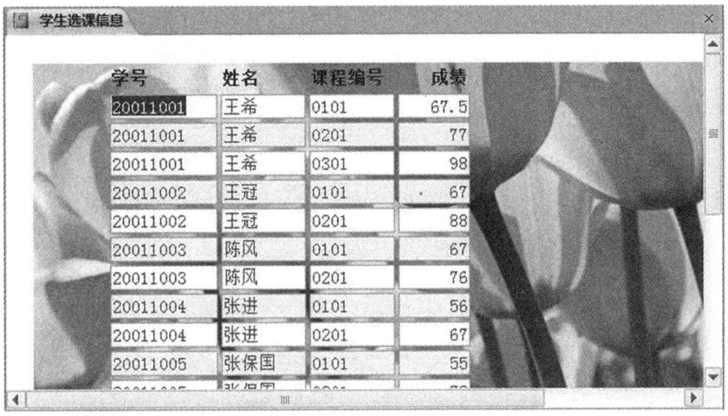

图 5.23 添加背景图案的报表

5.3.2 添加日期和时间

【例 5.5】 给"学生选课信息"报表添加日期和时间。
具体操作步骤如下。
(1) 打开"学生选课信息"报表的设计视图。
(2) 单击"设计"选项卡,然后单击"页眉/页脚"组中的"日期和时间"按钮,在弹出的"日期和时间"对话框中选择日期和时间的显示格式,如图 5.24 所示。
(3) 单击"确定"按钮,系统在"报表页眉"区自动添加了日期文本框和时间文本框。切换到报表视图后的结果如图 5.25 所示。

图 5.24 "日期和时间"设置

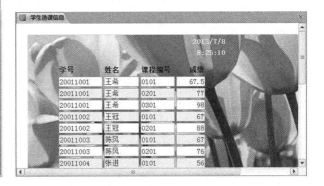

图 5.25 日期和时间设置效果

此外,也可以在报表上添加一个文本框,设置其"控件来源"属性为时间或时间的计算表达式,例如,"=Date()"或"=Time()",可显示日期或时间,该控件可以安排在报表的任何节区中。

5.3.3 添加分页符和页码

1. 添加分页符

分页符用于标识另起一页,在报表中,可以通过添加分页符来控制报表的分页。

添加分页符的一般操作步骤如下。

(1)打开报表的设计视图。

(2)单击"设计"选项卡,然后单击"控件"组中的"分页符"按钮。

(3)单击报表中需要添加分页符的位置即可。

2. 添加页码

在报表中,添加页码的具体操作步骤如下。

(1)打开报表的设计视图。

(2)单击"设计"选项卡,然后单击"页眉/页脚"组中的"页码"按钮,弹出"页码"对话框,如图 5.26 所示。

图 5.26 "页码"对话框

(3)在弹出的对话框中设置页码的格式、位置、对齐方式及确定是否在首页显示页码。

(4)单击"确定"按钮,保存设置。

此外,还可以使用表达式创建页码,页码的常用表达式如表 5.1 所示。其中,Page 和 Pages 具有内置变量,[Page]代表当前页的页号,而[Pages]代表总页数。

表 5.1 页码表达式

表达式	显示文本
=[Page]	N
="Page" & [Page]	Page N
="第" & [Page] & "页"	第 N 页
=[Page] & "/" & [Pages]	N/M
="第" & [Page] & "页,共" & [Pages] & "页"	第 N 页,共 M 页

5.3.4 使用节

报表中的内容以节划分,各节之间按照一定的顺序在页面和报表上输出,用户可以通过控件确定节中显示的内容。

通过使用节,可以添加或删除报表页眉/页脚和页面页眉/页脚,也可以改变报表的页眉/页脚或其他节的大小,还可以为报表中的节或控件创建自定义颜色。

报表上各个节的大小可以被单独改变,但是报表只有唯一的宽度,因此改变一个节的宽度将改变整个报表的宽度。

5.3.5 绘制线条和矩形

报表中允许用户添加线条,这些线条可以是水平的、垂直的或是自定义角度的。

绘制线条的具体操作步骤如下。

(1) 打开报表的设计视图。
(2) 单击"设计"选项卡,然后单击"控件"组中的"直线"按钮。
(3) 在需要放置线条的地方拖动鼠标绘制线条。
(4) 打开"属性表"窗口,在"格式"选项卡中设置线条的属性,如图 5.27 所示。

图 5.27 线条"属性表"

绘制矩形的方法与绘制线条的方法相似。

5.4 使用计算控件

在报表设计过程中,经常要进行各种运算并将结果显示出来。例如,输出页码或者分组统计数据等。用户可通过向报表中添加"计算控件"的对象来实现这个功能,通常使用"文本框"控件作为计算控件。

5.4.1 向报表中添加计算控件

计算表达式是计算控件的来源,计算结果会随着表达式的变化而改变。

【例 5.6】 在"学生基本信息 3"报表中,根据"出生日期"字段值使用计算控件计算学生的出生年份。

具体操作步骤如下。
(1)打开"学生信息"报表的设计视图。
(2)在页面页眉节内,将"出生日期"标签标题更改为"出生年份"。
(3)选中主体节内的"出生日期"文本框,打开"属性表"窗口并选择"全部"选项卡。
(4)将"名称"属性设置为"出生年份",设置"控件来源"为表达式"=Year([出生日期])"。注意,计算控件的控件来源必须是以等号"="开头的计算表达式,如图 5.28 所示。

图 5.28 添加了计算控件后的"学生基本信息 3"报表

(5)单击"保存"按钮。添加计算控件的显示结果如图 5.29 所示。

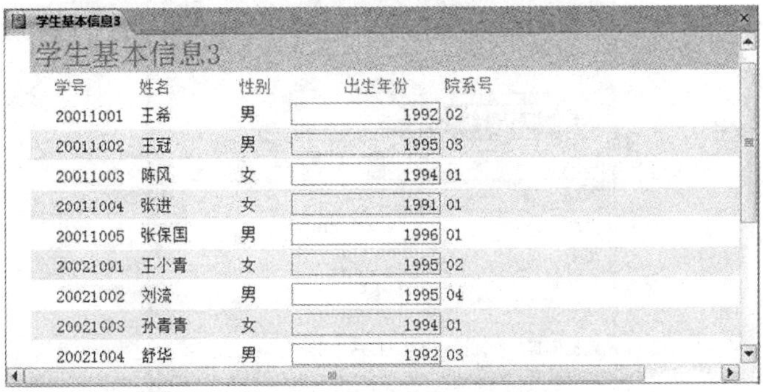

图 5.29 设置完成后的"学生基本信息 3"报表

【例 5.7】 在"学生选课信息"报表中,增加一个对"成绩"字段的说明列,如图 5.30 所示。

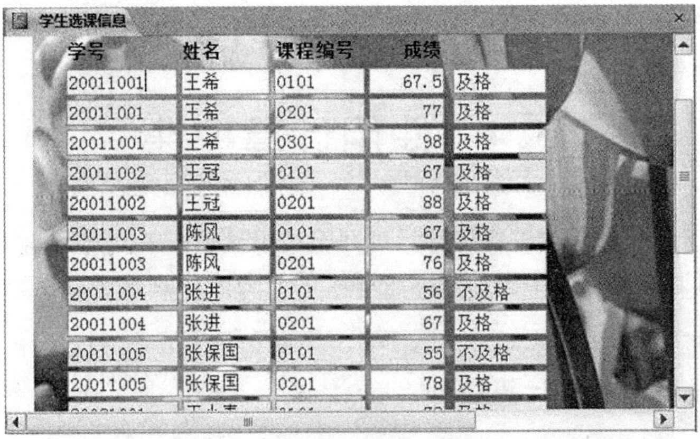

图 5.30 设置完成后的"学生选课信息"报表

具体操作步骤如下。

(1) 打开"学生选课信息"报表的设计视图,在主体节区添加一个文本框控件。

(2) 将文本框控件的"名称"属性设置为"文字说明","控件来源"属性设置为表达式"=IIF([成绩]>=60,"及格","不及格")"。

5.4.2 报表统计计算

在报表中,将计算控件的"控件来源"设置为报表的统计表达式,便可以对报表进行统计计算。报表统计计算为用户对报表中的数据求平均值、统计个数或计算百分比等提供了方便。

报表中的常用统计函数和日期函数如表 5.2 所示。

表 5.2 报表常用函数

函数	功能
Avg	在指定的范围内计算指定字段的平均值
Count	计算指定范围内记录条数
First	返回指定范围内多条记录中的第一条记录指定的字段值
Last	返回指定范围内多条记录中的最后一条记录指定的字段值
Max	返回指定范围内多条记录中的最大值
Min	返回指定范围内多条记录中的最小值
Sum	计算指定范围内多条记录指定字段值的和
Date	当前日期
Now	当前日期和时间
Time	当前时间
Year	当前年

5.5 报表排序和分组

在实际应用中,经常需要按照某个指定的顺序显示记录,这时需要用到报表的排序功能。此外,当需要对某个字段按照其值的相等与否划分成组时,就需要用到报表的分组功能。

5.5.1 记录排序

【例 5.8】 按照以下要求设置报表。

(1) 使用"报表向导"创建"学生基本信息 3"报表,包含"学号"、"姓名"、"性别"、"出生日期"和"院系号"五个字段。

(2) 在"设计视图"中修改报表,使所有记录按照"性别"升序、"出生日期"降序输出。

具体操作步骤如下。

(1) 打开"学籍管理"数据库,单击"设计"选项卡,然后单击"报表"组中的"报表向导"按钮。利用"报表向导"创建题目要求的"学生基本信息 3"报表,如图 5.31 所示。

图 5.31　使用"报表向导"创建的"学生基本信息 3"报表

（2）切换到报表的设计视图,单击"设计"选项卡,然后单击"分组和汇总"组中的"分组和排序"按钮,在下方打开"分组、排序和汇总"窗口,如图 5.32 所示。

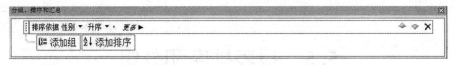

图 5.32　"分组、排序和汇总"窗口

（3）单击"添加排序"按钮,在"排序依据"字段列表中将"性别"字段设置为"升序",如图 5.33 所示。

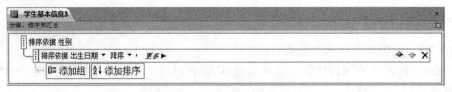

图 5.33　添加"性别"字段

（4）单击"添加排序"按钮,在"排序依据"字段列表中将"出生日期"字段设置为"降序",如图 5.34 所示。

图 5.34　添加"出生日期"字段

（5）保存设置,结果如图 5.35 所示。

图 5.35 排序结果

5.5.2 记录分组

所谓分组,是指按某个字段值进行归类,将字段值相同的记录分在一组中。通过分组可以实现同组数据的汇总和输出。

【例 5.9】 按照"院系号"分组显示"学生基本信息 3"报表,在组页脚处添加文本框控件显示各系的人数。

具体操作步骤如下。

(1) 以设计视图方式打开"学生基本信息 3"报表。

(2) 单击"设计"选项卡,然后单击"分组和汇总"组中的"分组和排序"按钮,在下方打开"分组、排序和汇总"窗口,如图 5.36 所示。

图 5.36 "分组、排序和汇总"窗口

(3) 单击"添加组"按钮,在"分组形式"字段列表中将"院系号"字段设置为"升序",如图 5.37 所示。

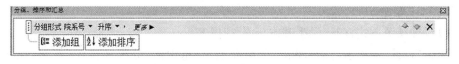

图 5.37 添加"院系号"字段

(4) 单击"更多"按钮,可进行更详细的设置。此处将"有页眉节"更改为"无页眉节","无页脚节"更改为"有页脚节",如图 5.38 所示。此时在报表的设计视图中显示了"院系号页脚",在该页脚中添加文本框进行每个院系人数的统计,如图 5.39 所示。

图 5.38　详细设置分组字段

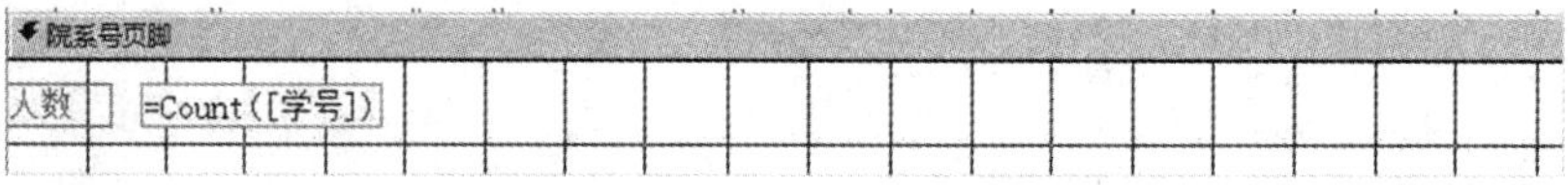

图 5.39　在"院系号页脚"区添加对人数统计的文本框

（5）保存设置，切换到报表视图窗口，分组结果如图 5.40 所示。

图 5.40　分组结果

【例 5.10】　按照"入校年份"分组降序显示"学生基本信息 3"报表，并在组页眉添加文本框控件，显示"2000 年度、2001 年度……"等字样。

注意："学号"字段前四位表示"入校年份"。

具体操作步骤如下。

（1）以设计视图方式打开"学生基本信息 3"报表。

（2）单击"设计"选项卡，然后单击"分组和汇总"组中的"分组和排序"按钮，在下方打开"分组、排序和汇总"窗口。

（3）单击"添加组"按钮，在"分组形式"字段列表中选择最下方"表达式"，如图 5.41 所示。在弹出的"表达式生成器"对话框中输入计算"学号"字段前四位的表达式"Left([学号],4)"，如图 5.42 所示。

图 5.41　在字段列表中选择"表达式"

图 5.42　在"表达式生成器"对话框中输入表达式

（4）单击"确定"按钮，添加该表达式的分组并设置为"降序"，如图 5.43 所示。

图 5.43　添加表达式的分组

（5）在报表设计视图中，可以看到显示了表达式的"组页眉"。在组页眉中添加计算文本框控件，输入表达式"＝Left([学号],4) & "年度""，如图 5.44 所示。

图 5.44　在"组页眉"区添加计算文本框控件

（6）保存设置，切换到报表视图窗口，结果如图 5.45 所示。

图 5.45　分组结果

5.6 报表常用属性

5.6.1 报表属性

报表的属性窗体中,常用属性如下。

① 记录源:属性值必须是数据库中的数据表名或查询名,它将报表与某一数据表或查询绑定起来。

② 筛选:属性值必须是合法的表达式,根据指定的条件报表只输出符合要求的记录子集。

③ 打开筛选:属性值为"是"或"否",确定筛选条件是否生效。

④ 排序依据:属性值必须是合法的表达式,它用来指定报表中记录的排序条件。

⑤ 启动排序:属性值为"是"或"否",确定排序依据是否有效。

⑥ 记录锁定:用于禁止其他用户修改报表所需要的数据,可以设定在生成报表的所有页之前。

⑦ 页面页眉:是否在所有的页上显示页标题。

⑧ 页面页脚:是否在所有的页上显示页脚注释。

⑨ 打开:位于"事件"选项卡,用于指定在"打印"时会挂靠该宏的名称,可以通过"表达式生成器"或"代码生成器"完成相关的代码设计。

⑩ 关闭:位于"事件"选项卡,可以指定宏的名称,用于指定在"打印"完毕后会执行该宏的名称,可以通过"表达式生成器"或"代码生成器"完成相关的代码设计。

5.6.2 节属性

节的属性窗体中常用属性如下。

① 强制分页:属性值为"是"或"否"。

② 新行或新列:强制在多列报表的每一列的顶部显示两次标题信息。

③ 保持同页:表示是否可以跨页边界编排。

④ 可见性:用于设置某区域是否可见。

⑤ 可以扩大:表示是否可以让节区域扩展,以容纳较多的文本。

⑥ 可以缩小:表示是否可以让节区域缩小,以容纳较少的文本。

⑦ 格式化:可以通过"表达式生成器"或"代码生成器"完成相关的代码设计。设置格式化之后当打开格式化区域时,先执行该属性所设置的宏、表达式或代码模块。

⑧ 打印:表示在"打印"某个节区域时是否执行该属性设置的宏、表达式或代码。

本章小结

本章重点讲解了报表的基本操作,主要包括报表的创建和设置、主要报表控件的作用及其创建方法、报表的排序与分组等内容。其中使用向导和设计视图创建报表、报表的排序与分组、报表的计算汇总等内容是上机题中的重要考点,考生应能熟练掌握。

真题演练

(1) 下列关于报表的叙述中,正确的是(　　)。(2009 年 3 月)
A. 报表只能输入数据　　　　　　　　B. 报表只能输出数据
C. 报表可以输入和输出数据　　　　　D. 报表不能输入和输出数据
【答案】B
【解析】报表对象可以将数据库中的数据以格式化的形式显示和打印输出,但报表只能查看数据,不能通过报表修改或输入数据。

(2) 可作为报表记录源的是(　　)。(2007 年 9 月)
A. 表　　　　　B. 查询　　　　　C. SELECT 语句　　　　　D. 以上都可以
【答案】D
【解析】在报表设计器中,可以将表、查询作为报表的记录源。此外,还可以在报表设计器中修改报表文本框的"控件来源"属性,通过 SELECT 语句为其指定记录源。

(3) 在报表设计时,如果只在报表最后一页的主体内容之后输出规定的内容,则需要设置的是(　　)。(2007 年 4 月)
A. 报表页眉　　　　　B. 报表页脚　　　　　C. 页面页眉　　　　　D. 页面页脚
【答案】B
【解析】报表页脚的内容只在整个报表的底部显示。页面页脚将在报表中每一页的最下方显示,与页面页眉相对应。报表页眉中的内容只在整个报表的顶部显示一次。

(4) 在报表中,要计算"数学"字段的最低分,应将控件的"控件来源"属性设置为(　　)。(2010 年 9 月)
A. =Min([数学])　　B. =Min(数学)　　C. =Min[数学]　　D. Min(数学)
【答案】A
【解析】计算型控件中输入的表达式前必须加"="运算符,表达式中用到的字段名必须是记录源中的字段。在本题中"[数学]"字段作为 Min 函数的参数要放在()内。故答案为 A。

巩 固 练 习

(1)在报表设计过程中,不适合添加的控件是(　　)。
　A. 标签控件　　　　　　　　　　　B. 图形控件
　C. 文本框控件　　　　　　　　　　D. 选项组控件

(2)要实现报表按某字段分组统计输出,需要设置的是(　　)。
　A. 报表页脚　　　　　　　　　　　B. 该字段的组页脚
　C. 主体　　　　　　　　　　　　　D. 页面页脚

(3)报表的分组统计信息显示的区域是(　　)。
　A. 报表页眉或报表页脚　　　　　　B. 页面页眉或页面页脚
　C. 组页眉或组页脚　　　　　　　　D. 主体

(4)在基于"学生表"的报表中按"班级"分组,并设置一个文本框控件,控件来源属性设置为"＝count(＊)",关于该文本框说法中,正确的是(　　)。
　A. 文本框如果位于页面页眉,则输出本页记录总数
　B. 文本框如果位于班级页眉,则输出本班记录总数
　C. 文本框如果位于页面页脚,则输出本班记录总数
　D. 文本框如果位于报表页脚,则输出本页记录总数

(5)报表的数据源不能是(　　)。
　A. 表　　　　　B. 查询　　　　　C. SQL 语句　　　　　D. 窗体

(6)下列叙述中,正确的是(　　)。
　A. 在窗体和报表中均不能设置组页眉
　B. 在窗体和报表中均可以根据需要设置组页眉
　C. 在窗体中可以设置组页眉,在报表中不能设置组页眉
　D. 在窗体中不能设置组页眉,在报表中可以设置组页眉

第 6 章 宏

宏是 Access 中的一个对象，是一种功能强大的工具。通过宏能够自动执行重复任务，使用户能方便快捷地操纵 Access 系统。

6.1 宏的功能

6.1.1 宏的基本概念

宏是由一个或多个操作组成的集合，每个操作都执行特定的功能，例如，打开窗体或报表、查找记录、关闭指定的对象等。宏可以完成许多复杂的操作，无需编写程序，只要设置好执行的操作、参数和运行的条件等便可以完成宏的设计。

Access 中宏分为三类：操作序列宏、宏组和含有条件操作的条件宏。

宏可以是包含多个操作的独立宏，也可以是包含多个组的宏。如果想在满足特定的条件时才执行宏操作，就需要创建条件宏。

每个宏操作都有一个名称，且此名称不能更改。

图 6.1 所示是一个建好的宏，运行宏时会自动执行其中的 MessageBox 宏操作，弹出提示窗口，运行结果如图 6.2 所示。

图 6.1 宏生成器

图 6.2 提示窗口

6.1.2 设置宏操作

Access 2010 的宏生成器的外观发生了较大变化，而且增加了各种新功能。例如，条件语句更加灵活和易于使用，宏操作更加易于查找，而且智能感知可帮助用户更加准确地键入表达式。

如图 6.3 所示的是宏生成器的窗口，用户可以在其中更加方便地创建、编辑宏。宏提供了一系列宏操作，用户只需单击"添加新操作"组合框右侧的下拉按钮，单击下拉列表中的选项即可选定相应操作。每个操作都有自己的参数，用户可以自行设计。

图 6.3 "宏生成器"窗口

打开宏生成器后，单击"设计"选项卡，便可以看到与宏相关的功能按钮，如图 6.4 所示。

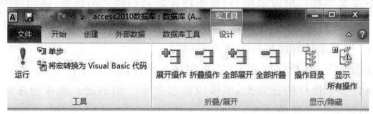

图 6.4 宏的"设计"选项卡

6.2 建 立 宏

建立宏其实就是建立一个或多个操作的集合。建立宏的过程主要有指定宏名、添加操作、设置参数及提供注释说明信息等。宏建立完成之后，还可以对宏进行运行和调试。

6.2.1 创建不同类型的宏

1. 创建独立的宏

如果需要在应用程序的很多位置重复使用宏，则可以创建独立的宏，这些宏对象将显示在导航窗格中的"宏"列表下。一个宏中可以包含多个宏操作，运行宏时，Access 会依次运行各个宏操作。

要创建独立的宏，具体操作步骤如下。

（1）在数据库中，在"创建"选项卡上的"宏与代码"组中，单击"宏"按钮，打开"宏生成器"窗口，如图 6.3 所示。

（2）单击"添加新操作"组合框右侧的下拉按钮，在下拉列表中选择要使用的操作；或者直接在框内输入要添加的操作。

（3）选定添加的操作，输入相应参数。

（4）如果要添加更多的操作，重复步骤（2）和（3）。

（5）单击并拖动操作，可以调整操作的先后顺序。

（6）单击"保存"按钮，命名并保存设计好的宏。

如果想在打开数据库时自动运行某个宏，可以将这个宏命名为 AutoExec，这样，在打开该数据库时会自动运行这个名为 AutoExec 的宏。要想取消自动运行，只需要打开数据库时按住 Shift 键即可。

【例 6.1】 在"学籍管理"数据库中创建一个宏，命名为"打开表"。要求打开"学生信息"表，并弹出如图 6.2 所示的消息对话框。

具体操作步骤如下。

（1）打开"学籍管理"数据库，单击"创建"选项卡，然后单击"宏与代码"组中的"宏"按钮，打开"宏生成器"窗口。

（2）单击"添加新操作"组合框右侧的下拉按钮，在下拉列表中选择"OpenTable"选项。在"表名称"行中选择"学生信息"，其他参数行选择默认值，如图 6.5 所示。

（3）依照同样的方法，添加"MessageBox"操作。在"消息"行中输入文字"你好！"，在"类型"行中选择"警告！"选项，在"标题"行中输入文字"用户提示"。

图 6.5　宏生成器"OpenTable"操作

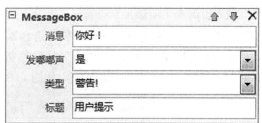

图 6.6　宏生成器"MessageBox"操作

（4）保存并将宏命名为"打开表"，单击"设计"选项卡中的"运行"按钮，打开"学生信息"表并弹出消息框，结果如图 6.7 所示。

图 6.7　宏的"设计"选项卡

2. 创建分组的宏

当宏中有多个操作时,为了提高宏的可读性,可将相关操作分为一组,并为该组指定一个名称。分组的主要目的是标识一组操作,帮助用户一目了然地了解宏的功能,并不影响操作的执行方式。例如,用户可将打开和筛选窗体的多个操作分为一组,并将该组命名为"打开和筛选窗体"。这时用户可以更轻松地了解哪些操作是互相相关的。

分组后,每个组称为一个"Group"块,组不会影响操作的执行方式,但不能单独调用或运行。此外,在编辑大型宏时,可将每个分组块向下折叠为单行,从而减少必须进行的滚动操作。

如果要分组的宏操作已在宏中,使用以下步骤创建分组。

(1) 打开宏生成器,选择要分组的操作。

(2) 右键单击所选的操作,在弹出的快捷菜单中选择"生成分组程序块"命令。

(3) 在顶部"Group"块的名称行中,键入分组的名称。

【例 6.2】 在"学籍管理"数据库中创建一个宏,命名为"分组宏"。按照例 6.1 中添加两个操作,再添加一个关闭表的操作。将前两个操作分为一组,命名为"open";将后一个操作分为一组,命名为"close"。

具体操作步骤如下。

(1) 打开"学籍管理"数据库,单击"创建"选项卡,然后单击"宏与代码"组中的"宏"按钮,打开"宏生成器"窗口。

(2) 如例 6.1 中添加两个操作,然后单击"添加新操作"组合框右侧的下拉按钮,在下拉列表中选择"CloseWindow"选项,参数行选择默认值。

(3) 单击操作之前的减号"—",将操作折叠,选中前两个操作,右键单击并在弹出的快捷菜单中选择"生成分组程序块"命令,如图 6.8 所示。

图 6.8 创建"Group"块

(4) 生成"Group"块,在名称行输入"open",如图 6.9 所示。

(5) 用同样的方法,将"CloseWindow"操作分为一组,命名为"close",分组结果如图 6.10 所示。

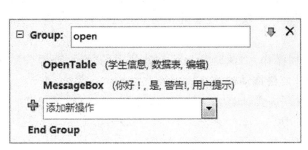 

图 6.9 "open"分组　　　　　图 6.10 宏的"设计"选项卡

(6) 保存并将宏命名为"分组宏"。

如果要先创建"Group"块,再添加操作,使用以下步骤创建分组。

(1) 从"添加新操作"下拉列表中选择"Group",或将其从"操作目录"窗格拖动到宏窗格中。

(2) 在"Group"块名称行中,键入分组的名称。

(3) 将宏操作从操作目录拖动到"Group"块中,或从显示在该块中的"添加新操作"列表中选择操作。

注意:"Group"块可以包含其他"Group"块,最多可以嵌套九级。

分组宏的命名方法与其他数据库对象相同,调用宏中分组的格式为:宏名.分组名。

3. 创建条件操作宏

在有些情况下,对于某些宏的操作可能只是想使它在满足指定条件时才执行,而不满足条件时禁止执行,这种操作就需要用到条件操作宏。

在 Access 2010 中,"If"块取代了早期版本的 Access 中使用的"条件"列。可以使用"Else If"和"Else"块来扩展"If"块,类似于 VBA 等其他编程语言。

在宏中添加"If"块的具体操作步骤如下。

(1) 从"添加新操作"下拉列表中选择"If"选项,或将其从"操作目录"窗格拖动到宏窗格中。

(2) 在"If"块顶部的框中,键入一个决定何时执行该块的表达式,该表达式必须为逻辑表达式(也就是说,其计算结果必须为真或假)。

在输入条件表达式时,可能会引用窗体、报表或相关控件值及属性值。如果需要的话可以用以下的语法格式来引用。

引用窗体:Forms![窗体名]

引用窗体属性:Forms![窗体名].属性

引用窗体控件:Forms![窗体名]![控件名]或[Forms]![窗体名]![控件名]

引用窗体控件属性:Forms![窗体名]![控件名].属性

引用报表:Reports![报表名]

引用报表属性:Reports![报表名].属性

引用报表控件:Reports![报表名]![控件名]或[Reports]![报表名]![控件名]

引用报表控件属性：Reports！[报表名]！[控件名]．属性

（3）如果向"If"块添加"Else"或"Else If"块，选择"If"块，然后在该块的右下角单击"添加Else"或"添加 Else If"选项。若添加的是"Else If"块，则需要键入一个决定何时执行该块的表达式，该表达式同样也必须为逻辑表达式。

（4）向"If"块、"Else If"或"Else"块添加操作，方法是从显示在该块中的"添加新操作"下拉列表中选择操作，或将操作从"操作目录"窗格拖动到该块中。

在"If"块或"Else If"块中，添加的逻辑表达式计算结果若为真，则执行该块中的操作；否则，跳过该块，执行下一个"Else"或"Else If"块。

注意："If"块最多可以嵌套 10 级。

【例 6.3】 创建一个宏，命名为"时间条件宏"，根据当前的系统时间显示不同的欢迎界面。如果当前系统时间为 8：00，就显示"上午好"；如果当前系统时间为 16：00，则显示"下午好"。宏的设置如图 6.11 所示，显示结果如图 6.12 和图 6.13 所示。

图 6.11 设置参数

图 6.12 显示"早上好"

图 6.13 显示"下午好"

6.2.2 宏的运行

宏可以用多种方式来运行：用户可以在宏生成器中，单击"执行"按钮运行宏；或者直接在"导航"窗口中双击宏名来运行宏；还可以把宏与窗体或报表中的事件相连，用事件来触发宏；在 VBA 代码中，用户也可以使用 Docmd 对象的 RunMacro 方法来运行宏。

6.2.3 设置宏操作参数

当添加某个操作到宏之后，可以在宏生成器中选定该操作，设置宏操作相关的参数，方法如下。

① 可以在参数框中输入数值，也可以从列表中选择。

② 从"导航窗口"窗口中，直接将表、窗体等数据库对象操作拖入到宏生成器中，系统会自动添加操作及参数。

③ 可以用前面加等号"＝"的表达式来设置宏操作参数。

6.2.4 常用的宏命令

下面介绍几个常用的宏命令。

① CloseWindow：关闭指定的 Access 对象。如果没有指定窗口或对象，则关闭活动窗口或当前对象。

② RunMacro：运行一个宏。

③ OpenForm：在窗体视图、设计视图、打印预览或数据表视图中打开一个窗体，并通过选择窗体的数据输入与窗体方式限制窗体所显示的记录。

④ OpenReport：在设计视图或打印预览中打开报表或立即打印报表，也可以限制需要在报表中打印的记录。

⑤ OpenTable：在数据表视图、设计视图或打印预览中打开表，也可以选择表的数据输入方式。

⑥ OpenQuery：在数据表视图、设计视图或打印预览中打开查询。

⑦ MaximizeWindow：活动窗口最大化。

⑧ MinimizeWindow：活动窗口最小化。

⑨ MessageBox：显示包含警告或者其他信息的消息框。

⑩ FindRecord：查找符合条件的记录。

⑪ QuitAccess：退出 Access。

6.2.5 宏的调试

如果创建的宏在执行后所得的结果和预期的不一样，还可以通过"单步"执行宏的方式一步一步地执行宏，从而检查其中的错误。

具体操作步骤如下。

(1) 在"导航窗口"中，右键单击宏，在弹出的快捷菜单中单击"设计视图"。

(2) 单击"设计"选项卡中的"单步"按钮 单步 ，然后单击"执行"按钮 。

(3) 弹出"单步执行宏"对话框，如图 6.14 所示。

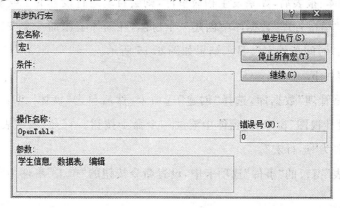

图 6.14 设置参数

(4) 单击"单步执行"按钮。每单击一次,系统就会执行宏中的一个操作,这样就可以观察到宏中每一步操作的执行情况,从而可以发现具体是哪一步操作出现了问题。

(5) 当找到错误后可以单击"停止"按钮,停止单步执行。

6.3 通过事件触发宏

在实际的应用系统中,设计完成的宏更多的是通过窗体、报表或查询产生的"事件"触发并运行的。

1. 事件的概念

事件(Event)是在数据库中进行的一种特殊操作,当在对象上执行特定动作时,该动作对应的事件便会被触发。例如,单击窗体上的按钮时,会触发按钮控件的"单击"事件(Click)。如果事先给单击事件编写了宏或事件代码,此时就会执行宏或事件代码;如果没有事先定义该事件,则不会进行任何操作。

窗体的很多操作都会触发事件,在打开窗体时,将按照下列顺序发生相应的事件:

打开(Open)→加载(Load)→调整大小(Resize)→激活(Activate)→成为当前(Current)

在关闭窗体时,将按照下列顺序发生相应的事件:

卸载(Unload)→停用(Deactivate)→关闭(Close)

2. 通过事件触发宏

可以在窗体、报表或查询设计的过程中,为对象的事件设置对应的宏或者事件过程。具体操作步骤如下。

(1) 在设计视图中打开窗体或报表。

(2) 在窗体或者报表上添加控件,并设置控件的有关事件属性为宏的名称或事件过程。

(3) 在打开窗体、报表后,如果发生相应事件,则会自动运行设置的宏或事件过程。

【例 6.4】 在"学籍管理"数据库中创建一个窗体,在窗体上添加一个按钮,单击该按钮调用例 6.3 中创建的"时间条件宏",显示结果如图 6.15 所示。

具体操作步骤如下。

(1) 打开"学籍管理"数据库,选择"创建"选项卡,然后单击"窗体"组中的"窗体设计"按钮,打开窗体的"设计视图"窗口,向窗体中添加一个命令按钮。打开"属性表"窗口,将命令按钮的"标题"行设置为"运行宏"。

(2) 在"属性表"窗口的"事件"选项卡中,设置命令按钮的"单击"事件为宏"时间条件宏",如图 6.16 所示。

第 6 章 宏

图 6.15 调用"时间条件宏"　　　　图 6.16 选择单击事件

（3）关闭"属性"对话框，保存窗体，将该窗体命名为"时间条件宏窗体"。运行窗体，单击命令按钮时，会运行宏文件"时间条件宏"。

下面再来看一个非常实用的例子。

【例 6.5】 创建一个窗体，命名为"浏览表"。在窗体上添加一个"浏览"选项组，选项组中有"学生信息表"和"课程信息表"两个单选按钮。如果选中"学生信息表"单选按钮并单击"确定"按钮，则打开"学生信息表"并弹出一个显示"学生信息表已打开"的消息框；如果选中"课程信息表"单选按钮并单击"确定"按钮，则打开"课程信息表"并弹出一个显示"课程信息表已打开"的消息框。

具体操作步骤如下。

（1）创建窗体并添加相应控件，如图 6.17 所示。

图 6.17 窗体设计视图

（2）设置控件相应属性：选项组的标签，"标题"设置为"浏览"；第一个单选按钮，"标题"设置为"打开学生信息表"，"名称"设置为"Option1"；第二个单选按钮，"标题"设置为"打开课程信息表"，"名称"设置为"Option2"；命令按钮，"标题"设置为"确定"，保存窗体并命名为"浏览表"。

（3）创建分组宏。在宏生成器中输入如图 6.18 所示的条件、操作等信息，保存并命名为"选择打开宏"。

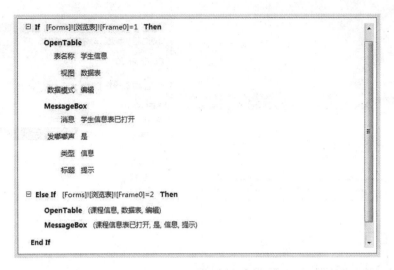

图 6.18 输入宏的条件、操作信息

(4) 在窗体的设计视图中,将"确定"按钮的"单击"事件设置为"打开选择宏"。将窗体切换到"窗体视图"。单击"打开学生信息表"单选按钮,然后单击"确定"按钮,如图 6.19 所示,运行结果如图 6.20 所示;单击"打开课程信息表"单选按钮,再单击确定,如图 6.21 所示,运行结果如图 6.22 所示。

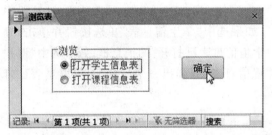

图 6.19 选择第一个命令按钮

图 6.20 窗体运行结果 1

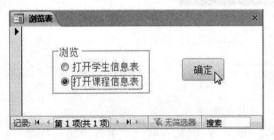

图 6.21 选择第二个命令按钮

图 6.22 窗体运行结果 2

本章小结

本章主要学习了宏的基本概念、宏的分类及宏在 Access 数据库中的应用。

读者应在记住一些常用的宏操作命令的基础上,重点掌握创建不同类型的宏的方法及宏的触发方法,在二级考试中这部分内容出题概率较高。

真题演练

一、选择题

(1) 在下列关于宏和模块的叙述中,正确的是(　　)。(2008 年 4 月)

A. 模块是能够被程序调用的函数

B. 通过定义宏可以选择或更新数据

C. 宏或模块都不能是窗体或报表上的事件代码

D. 宏可以是独立的数据库对象,可以提供独立的操作动作

【答案】B

【解析】选项 A 中,模块是能够被程序调用的过程,而不是函数;选项 C 中,宏可以是窗体或报表上的事件代码;而对于选项 D,在 Access 中,宏并不能单独执行,必须有一个触发器,而这个触发器通常是由窗体、页及其上面的控件的各种事件来担任的。例如,在窗体上单击一个按钮,这个单击过程就可以触发一个宏的操作。

(2) 现有一已经建好的窗体,窗体中有一个命令按钮,单击此按钮,将打开"tEmployee"表,如果采用 VBA 代码完成,下面语句正确的是(　　)。(2006 年 4 月)

A. docmd. openform "tEmployee"　　　　B. docmd. openview "tEmployee"

C. docmd. opentable "tEmployee"　　　　D. docmd. openreport "tEmployee"

【答案】C

【解析】打开表的操作是 opentable,openform 是打开窗体,openreport 是打开报表,openview 是打开视图。

(3) 某窗体上有一个命令按钮,要求单击该按钮后调用宏打开应用程序 Word,则设计该宏时应选择的宏命令是(　　)。(2011 年 3 月)

A. RunApp　　　　B. RunCode　　　　C. RunMacro　　　　D. RunCommand

【答案】A

【解析】RunApp 用于执行指定的外部应用程序,Word 为外部应用程序;RunCode 操作调用 VBA 的 Function 过程;RunMacro 操作运行宏;RunCommand 运行 Access 的内置命令,内置命令可以出现在 Access 菜单栏、工具栏或快捷菜单上。

(4) 在一个数据库中已经设置了自动宏 AutoExec,如果在打开数据库的时候不想执行这个自动宏,正确的操作是(　　)。(2007 年 4 月)

A. 按 Enter 键打开数据库　　　　　　B. 打开数据库时按住 Alt 键
C. 打开数据库时按住 Ctrl 键　　　　　D. 打开数据库时按住 Shift 键
【答案】D
【解析】通常,使用 AutoExec 宏来自动操作 1 个或多个 Access 数据库,如果在打开数据库的时候不想执行这个自动宏,则在启动数据库时按住 Shift 键来避开运行这个宏。

(5) 在宏的调试中,可配合使用设计器上的工具按钮是(　　)。(2006 年 9 月)
A."调试"　　　　　B."条件"　　　　　C."单步"　　　　　D."运行"
【答案】C
【解析】单击"单步"按钮可以单步跟踪执行宏,可观察宏的流程和每一个操作的结果,从中发现并排除出现的问题和错误的操作。

(6) 启动窗体时,系统首先执行的事件过程是(　　)。(2009 年 9 月)
A. Load　　　　　B. Click　　　　　C. Unload　　　　　D. GotFocus
【答案】A
【解析】窗体的事件比较多,在打开窗体时,将按照下列顺序发生相应的事件:打开(Open)→加载(Load)→调整大小(Resize)→激活(Activate)→成为当前(Current)事件等。正确答案为 A。

(7) 若在窗体设计过程中,命令按钮 Command()的事件属性设置如下图所示,则含义是(　　)。(2011 年 3 月)

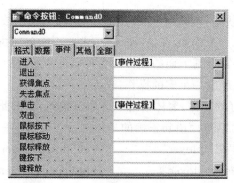

A. 只能为"进入"事件和"单击"事件编写事件过程
B. 不能为"进入"事件和"单击"事件编写事件过程
C. "进入"事件和"单击"事件执行的是同一事件过程
D. 已经为"进入"事件和"单击"事件编写了事件过程
【答案】D
【解析】本题中如图所示,"进入"与"单击"操作都跟有"[事件过程]"字样,代表已经为两事件编写了事件过程,若没有编写则不显示"[事件过程]"字样,编写的过程在 VBA 程序中可看到。

二、填空题
Access 的窗体或报表事件可以有两种方法来响应:宏对象和_____。(2009 年 3 月)
【答案】事件过程
【解析】Access 窗体或报表事件可以有两种方法来响应:宏对象和事件过程。

巩 固 练 习

(1) 在宏的参数中,要引用窗体 F1 上的 Text1 文本框的值,应该使用的表达式是(　　)。
A. [Forms]![F1]![Text1]　　　　B. Text1
C. [F1].[Text1]　　　　D. [Forms]_[F1]_[Text1]

(2) 在运行宏的过程中,宏不能修改的是(　　)。
A. 窗体　　　　B. 宏本身　　　　C. 表　　　　D. 数据库

(3) 在设计条件宏时,对于连续重复的条件,要代替重复条件表达式可以使用符号(　　)。
A. …　　　　B. ：　　　　C. !　　　　D. =

(4) 下列操作中,适宜使用宏的是(　　)。
A. 修改数据表结构　　　　B. 创建自定义过程
C. 打开或关闭报表对象　　　　D. 处理报表中错误

(5) 下列叙述中,错误的是(　　)。
A. 宏能够一次完成多个操作
B. 可以将多个宏组成一个宏组
C. 可以用编程的方法来实现宏
D. 宏命令一般由动作名和操作参数组成

(6) 要限制宏命令的操作范围,在创建宏时应定义的是(　　)。
A. 宏操作对象　　　　B. 宏操作目标
C. 宏条件表达式　　　　D. 窗体或报表控件属性

(7) 若要执行指定的外部应用程序,应使用的宏操作是(　　)。
A. RunCommand　　　　B. RunSQL
C. RunApp　　　　D. DoCmd

(8) 打开一个窗体,要通过选择窗体的数据输入与窗体方式,限制窗体所显示的记录,应使用的宏操作命令是(　　)。
A. OpenReport　　　　B. OpenTable
C. OpenForm　　　　D. OpenQuery

第 7 章　VBA 编程基础

Access 是面向对象的数据库,它支持面向对象的程序开发技术。VBA(Visual Basic for Applications)语言是 Access 开发的应用程序的核心,也是开发 Access 向导和宏所不能涉及的应用程序的关键。

7.1　VBA 的编程环境

利用宏可以对 Access 数据库系统进行一系列简单的操作。但是如果要对数据库对象进行更复杂、更灵活的控制,就需要通过编程来实现。要编写 Visual Basic 程序就必须有一个编写的环境,Visual Basic 编辑器 VBE(Visual Basic Editor)便为编辑 VBA 代码提供了完整的开发和调试工具。

图 7.1 所示是 Access 数据库的 VBE 窗口,主要由工具栏、工程窗口、属性窗口和代码窗口等组成。其中,工程窗口列出了应用程序的所有模块文件。代码窗口是让用户进行输入和编辑 VBA 代码的窗口。

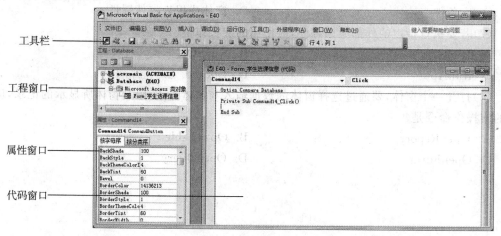

图 7.1　VBE 窗口

工具栏中的主要按钮功能如表 7.1 所示。

表 7.1　工具栏中主要按钮的功能说明

按钮	名称	说明
	Access 视图	用来切换 Access 数据库的各个窗口
	插入模块	用来插入一个新的模块
	运行子模块/用户窗体	用来运行编写的模块程序
	中断运行	用来中断正在运行的程序
	终止运行/重新设置	结束正在运行的程序,重新进入模块设计状态
	设计模式	用来打开或者关闭设计模式
	工程项目管理器	用来打开工程项目管理器
	属性窗体	用来打开属性窗体
	对象浏览	用来打开对象浏览器窗口
行 5,列 1	行列	用来显示代码窗口中当前光标指向的行号和列号

在代码窗口中编写的代码如果需要输出运行的结果,可以使用 Debug.Print 语句将要输出的结果输出到立即窗口中。在 VBE 窗口中,单击"视图"菜单中的"立即窗口",弹出如图 7.2 所示的立即窗口。

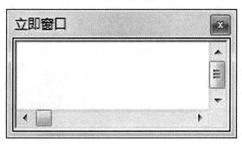

图 7.2　立即窗口

7.2 模 块

在 Access 中,模块是将 VBA 声明和过程作为一个单元进行保存的集合体。通过模块的组织和 VBA 代码设计,可以提高 Access 数据库应用的处理能力,解决复杂问题。

7.2.1 模块的基本概念

在 Access 中,编程是通过模块对象实现的。利用模块可以将各种数据库对象连接起来,从而使其构成一个完整的系统。

模块是 Access 数据库系统中的一个重要对象,是由 VBA(Visual Basic for Applications)语言编写的程序所组成的集合,以函数过程(Function)或子过程(Sub)为单元的集合方式存储。

7.2.2 模块的分类

模块分为标准模块和类模块两种类型。

1. 标准模块

一般用于存放供其他 Access 数据库对象或代码使用的公共过程。在系统中可以通过创建新的模块而进入其代码设计环境。

标准模块中的公共变量和公共过程具有全局特性,其作用范围是在整个应用程序里,生命周期是伴随着应用程序的运行而开始、关闭而结束的。

2. 类模块

类模块以类的形式封装的模块,是面向对象编程的基本单位。Access 的类模块按照形式不同可以划分为系统对象类模块和用户定义类模块两大类。

(1) 系统对象类模块

窗体模块和报表模块都属于系统对象类模块,它们从属于各自的窗体或报表。但这两个模块都具有局限性,其作用范围局限在所属窗体或报表内部,生命周期则是伴随着窗体或报表的打开而开始、关闭而结束的。

(2) 用户定义类模块

在数据库对象"模块"窗口中,单击"新建"按钮,打开 VBA 窗口,单击"插入"菜单,选择"类模块"选项,创建一个类对象模块,如图 7.3 所示。

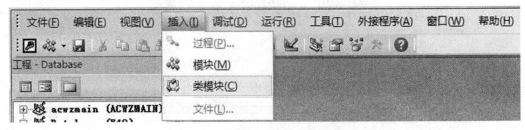

图 7.3 创建用户定义类模块菜单项

7.2.3 创建模块

1．VBA 代码编写模块过程

模块是装载 VBA 代码的容器。在窗体或报表的设计视图中，单击工具栏"代码"按钮或创建窗体或报表的事件过程就可以进入类模块的设计和编辑窗口；单击数据库窗口中的"模块"对象标签，然后单击"新建"按钮就可以进入标准模块的设计和编辑窗口。

一个模块包含了声明区域和一个或多个过程。模块的声明区域指用来声明模块所使用的变量等项目的区域，一般位于模块的最开始部分。过程是模块的基本单元组成，由 VBA 代码编写而成。过程分为 Sub 子过程和 Function 函数过程两种类型。

（1）Sub 过程

Sub 过程又称为子过程。执行一系列操作，无返回值。定义格式如下：

```
Sub 过程名
    ［程序代码］
End Sub
```

可以引用过程名来调用该子过程，或者使用 VBA 的关键字 Call，来显式调用一个子过程。

（2）Function 过程

Function 过程又称为函数过程。执行一系列操作，有返回值。定义格式如下：

```
Function  过程名 As（返回值）数据类型
    ［程序代码］
End Function
```

Function 过程不能使用 Call 来调用执行，而是直接引用函数过程名。Sub 过程和 Function 过程的具体调用方式，在本章 7.7 节再做详细介绍。

2．在模块中执行宏

在模块的定义过程中，使用 Docmd 对象的 RunMacro 方法可以执行设计好的宏。其调用格式为：

```
Docmd.RunMacro  MacroName[,RepeatCount][,RepeatExpression]
```

其中，MacroName 表示当前数据库中宏的有效名称；RepeatCount 为可选项，用于计算宏运行次数的整数值；RepeatExpression 为可选项，数值表达式在每一次运行宏时进行计算，结果为 False 时停止运行宏。

7.3　VBA 程序设计基础

在 Access 程序设计中，当某些操作不能用其他 Access 对象实现，或者实现起来很困难时，就可以利用 VBA 语言编写代码，完成这些复杂任务。

7.3.1　在 VBE 环境中编写 VBA 代码

1．VBA 语句结构

VBA 语句的结构如图 7.4 所示。

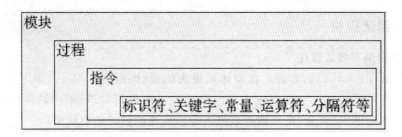

图 7.4　VBA 语句的结构

VBA 中,标识符、关键字、常量、运算符、分隔符等基本元素构成了指令;指令不能单独存在,一行一行的指令又构成了过程,一个或多个过程构成了整个模块。

2. VBA 语句书写原则

① 通常一条指令写一行,一行写不下可以用续行符"_"将语句连续写在下一行。

② 多条指令写在一行时,中间用":"分隔。

③ 每条语句后可以用":Rem 注释语句"或者"¦ 注释语句"加上注释;注释语句默认用绿色来显示,注释部分不会被编译器编译。

④ 书写时,尽量采用缩进的方式,这样会使程序变得清晰、整齐。

3. 代码编写步骤

可以按照以下的步骤在 VBE 环境中编写 VBA 代码。

方法一:直接进入 VBE 窗口,编写 VBA 代码。

【例 7.1】　新建模块对象并输入代码,运行模块时弹出一个消息为"hello"的消息框。

具体操作步骤如下。

(1) 在数据库窗口中,单击"创建"选项卡,然后单击"宏与代码"组中的"模块"按钮,打开 VBE 窗口,默认新建"模块 1",如图 7.5 所示。

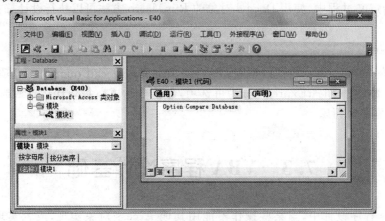

图 7.5　新建"模块 1"

(2) 单击菜单栏的"运行"选项,下拉菜单中包含了"运行"、"中断"、"重新设置"等命令,如图 7.6 所示;单击菜单栏的"调试"选项,下拉菜单中包含了"逐语句"、"运行到光标处"、"快速监视"等命令,如图 7.7 所示。

图 7.6 "运行"下拉菜单　　　　图 7.7 "调试"下拉菜单

（3）在代码窗口输入如图 7.8 所示的代码，代码的含义是弹出一个消息为"hello"的消息框。

（4）单击工具栏上的"运行"  按钮，弹出如图 7.9 所示的消息框。

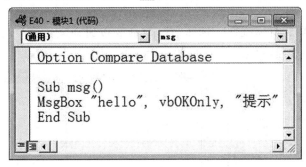

图 7.8 输入代码　　　　　　　7.9 代码运行结果

方法二：通过窗体或者报表进入 VBE 窗口，编写 VBA 代码（此处以窗体为例进行讲解）。

【例 7.2】 新建窗体并在其上放置一个命令按钮，标题为"打印"，创建该命令按钮的"单击"事件，弹出一个消息为"hello"的消息框。

具体操作步骤如下。

（1）进入 Access 窗体的设计视图，添加一个命令按钮，将其标题设置为"打印"。如图 7.10 所示。

（2）选择该命令按钮，打开"属性表"窗口，单击"事件"选项卡，然后单击"单击"事件右侧的"…"按钮，弹出"选择生成器"对话框，选择"代码生成器"选项，如图 7.11 所示。

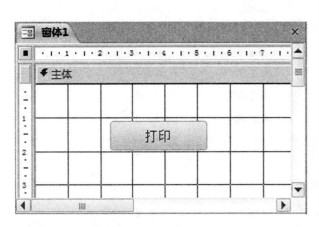

图 7.10　新建窗体　　　　　　　　　图 7.11　设置"单击"事件属性

（3）单击"确定"按钮，进入新建窗体的类模块代码编辑区。在打开的代码编辑区内，可以看见系统已经为该命令按钮的"单击"事件自动创建了事件过程的模板，添加代码如图 7.12 所示。

（4）回到窗体设计视图，切换到窗体视图。选择"打印"命令按钮即激活命令按钮的"单击"事件，系统调用并执行该事件过程，弹出"hello"的提示消息框，结果如图 7.13 所示。

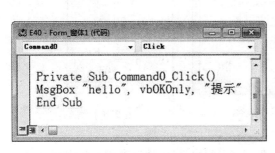 

图 7.12　事件过程代码编辑区　　　　　图 7.13　事件过程运行结果

注意：本例的过程创建方法适用于所有 Access 窗体、报表和控件的事件代码处理。

7.3.2　变量与常量

1. 数据类型

在数据库里可以存储各种各样的数据，如数字、字符、图片、声音等，每一种数据都有一个数据类型与之相对应。

(1) 标准数据类型

常用标准数据类型如表 7.2 所示。

表 7.2 常用标准数据类型

数据类型	类型标识	符号	字段类型	取值范围
整数	Integer	%	整数、字节、是/否	-32 768～32 767
长整数	Long	&	长整数、自动编号	-2 147 483 648～2 147 483 647
单精度数	Single	!	单精度数	负数 -3.402 823E38～-1.401 298E-45 正数 1.401 298E-45～3.402 823E38
双精度数	Double	#	双精度数	负数 -1.797 693 134 862 32E308～-4.940 656 458 412 47E-324 正数 4.940 656 458 412 47E-324～1.797 693 134 862 32E308
货币	Currency	@	货币	-922 337 203 485 477.580 8～922 337 203 685 477.580 7
字符串	String	$	文本	字符 0～65 500
布尔型	Boolean		逻辑值	True 或 False
日期型	Date		日期/时间	100 年 1 月 1 日～9999 年 12 月 31 日
变体类型	Variant	无	任何	January1/10000（日期） 数字和双精度相同，文本和字符串相同

布尔型数据(Boolean)：布尔型数据只有 True 和 False 两个值。如果要存储的数据值相对，则可以用布尔型数据类型。例如，"是否通过考试"的数据就可以使用布尔型数据类型来存储。布尔型数据转换为其他类型数据时，True 转换为 -1，False 转换为 0；其他类型数据转换为布尔型数据时，0 转换为 False，其他值转换为 True。

日期型数据(Date)：日期型数据类型是用来存储文本型日期的。

注意：使用时间/日期类型数据时必须前后用"#"号括住，如 #2011/11/11#。

变体类型数据(Variant)：变体类型是一种除了定长字符串类型及用户定义类型外，可以包含其他任何类型的数据。VBA 中规定，如果没有显式声明或使用符号来定义变量的数据类型，则默认为变体类型。

(2) 用户定义数据类型

除了系统提供的几种数据类型外，用户还可以根据实际开发的需要，应用过程创建包含一个或多个 VBA 标准数据类型的数据类型，这就是用户定义数据类型。

用户定义数据类型可以在 Type…End Type 关键字间定义，定义格式如下。

```
Type［数据类型名］
    <域名> As <数据类型>
    <域名> As <数据类型>
    …
End Type
```

【例 7.3】 定义一个汽车数据类型：

```
Type Car
    carType As String * 7      '类型,7位定长字符串
    carColor As String          '颜色,长字符串
    carSize As Single           '尺寸,单精度数
End Type
```

上述例子定义了一个由 carType(类型)、carColor(颜色)、carSize(尺寸)三个分量组成的名为 Car 的类型。

给用户定义数据类型赋值要指明变量名及分量名,两者之间用句点分隔。例如,操作上述定义变量的分量:

```
Dim NewCar as Car
NewCar.carType = "bmw"
NewCar.carColor = "red"
NewCar.carSize = 5.2
```

此外,还可以用关键字 With 简化程序中重复的部分,上述语句可简化为

```
Dim NewCar as Car
With NewCar
    .carType = "bmw"
    .carColor = "red"
    .carSize = 5.2
End With
```

(3) 数据库对象的数据类型

数据库、表、查询、窗体和报表等也有对应的 VBA 对象数据类型,这些对象数据类型由引用的对象库所定义。常用的 VBA 对象数据类型如表 7.3 所示。

表 7.3 VBA 对象数据类型

对象数据类型	对象库	对应的数据库对象类型
数据库(Database)	DAO 3.6	使用 DAO 时用 Jet 数据库引擎打开的数据库
连接(Connection)	ADO 2.1	ADO 取代了 DAO 的数据连接对象
窗体(Form)	Access 9.0	窗体,包括子窗体
报表(Report)	Access 9.0	报表,包括子报表
控件(Control)	Access 9.0	窗体和报表上的控件
查询(QueryDef)	DAO 3.6	查询
表(TableDef)	DAO 3.6	数据表
命令(Command)	ADO 2.1	ADO 取代 DAO.QueryDef 对象
结果集,DAO.Recordset	DAO 3.6	表的虚拟表示或 DAP 创建的查询结果
结果集,ADO.Recordset	ADO 2.1	ADO 取代 DAO.Recordset 对象

2. 变量

变量是指程序运行时值会发生变化的数据。

(1) 变量的命名

变量命名应遵从以下规则。

① 不能包含空格,或除了下划线字符"_"外的其他任何标点符号。

② 其长度不得超过 255 个字符。
③ 变量命名不能使用 VBA 关键字。
④ 通常采用大写与小写字母相结合的方式，以使其更具可读性。

注意：在 VBA 中，变量命名对大小写"不敏感"，即"NewVar"和"newvar"代表的是同一个变量。

（2）变量的声明

变量声明即定义该变量的名称及数据类型，使系统为变量分配存储空间。

VBA 声明变量有两种方法：显式声明和隐含声明。

① 显式声明。变量先定义后使用。定义变量最常用的方法是使用"Dim 变量名 [As 数据类型]"结构，其中，在 As 之后指明数据类型，或在变量名称之后附加类型说明字符来指明变量的数据类型。例如，

```
Dim a As Integer        '定义 a 为整型变量
Dim b%,c!               '定义 b 为整型变量，c 为单精度型变量
```

第二条语句相当于 Dim b as Integer,c as Single

② 隐含声明。不在变量声明的时候指定数据类型，或直接通过一个值指定给变量名，或在变量名后没有附加类型说明字符来指明其数据类型，此时默认为 Variant 数据类型。例如，

```
Dim a,b        'a、b 为变体 variant 变量
c = 432        'c 为 Variant 类型变量，值是 432
```

③ 强制声明。默认情况下，VBA 允许在代码中使用未声明的变量，如果强制要求所有的变量必须定义才能使用，则需要在模块设计窗口的顶部"通用-声明"区域中加入语句：

```
Option Explicit
```

（3）变量的作用域

在 VBA 编程中，变量定义的位置和方式不同，则它存在的时间和起作用的范围也有所不同，这就是变量的作用域和生命周期。其作用域有三个层次。

① 局部范围：变量定义在模块的过程内部，作用范围为子过程或函数过程，此种变量需要用 Dim、Static … As 等关键字定义。

② 模块范围：变量定义在模块的所有过程之外的起始位置，作用范围为模块所包含的所有子过程和函数过程。此种变量需要用 Dim、Static、Private … As 等关键字定义。

③ 全局范围：变量定义在标准模块的所有过程之外的起始位置，运行时在所有类模块和标准模块的子过程与函数过程中都可见。用 Public … As 关键字说明的变量的作用域属于全局范围。

变量的生命周期是指从变量定义语句所在的过程第一次运行，到程序代码执行完毕并将控制权交回调用它的过程为止的时间。子过程或函数过程中定义的局部变量，生命周期与过程相同。

（4）Static 关键字

使用 Static 关键字定义的变量称为静态变量，静态变量的持续时间是整个模块的执行时间，但它的有效作用范围是由其定义位置决定的。也就是说，一个由 Static 定义的变量即使已经不再起作用，它还会继续存在而并没有被系统释放掉。

（5）数据库对象变量

Access 建立的数据库对象及其属性均可被当做 VBA 程序代码中的变量及其指定的值来

加以引用。如窗体与报表对象的引用格式为。

```
Forms！窗体名称！控件名称[．属性名称]
Reports！报表名称！控件名称[．属性名称]
```

关键字 Forms 或 Reports 分别表示窗体或报表对象集合。感叹号"！"分隔开对象名称与控件名称。"属性名称"部分缺省，则为控件基本属性。

例如，对"学生信息"窗体上的文本框"学号"的操作格式为。

```
Forms！学生信息！学号 = "20011001"
```

3. 常量

常量是在程序中保持不变的量。在 VBA 中有三种常量：直接常量、符号常量和系统常量。

（1）直接常量

如 100、12、50 等数字，数据量在程序中不会发生变化。

（2）符号常量

在 VBA 编程过程中，对于一些经常使用的常量，为了提高编程效率，可以用符号常量的形式来代替该常量。符号常量使用关键字 Const 来定义，格式如下。

```
Const 符号常量名称 = 常量值
```

例如，Const PI=3.14 定义了一个符号常量 PI，这样在该程序中任何位置出现的 PI 都代表 3.14 这个值，而不会在中途发生变化。

可以在 Const 之前加上 Global 或 Public 关键字，将其建立成一个所有模块都可使用的全局符号常量，这一符号常量会涵盖全局或模块级的范围。

例如，

```
Global Const PI = 3.14
```

符号常量定义时不需要为常量指明数据类型，VBA 会自动按照存储效率最高的方式来确定其数据类型。符号常量一般要求用大写字母命名，以便与变量区分。

（3）系统常量

Access 系统内部包含若干个启动时就建立的系统常量，有 True、False、Yes、No、On、Off 和 Null 等。用户不能将这些内部常量的名字作为自定义常量或变量的名称。

4. 数组

数组是一种特殊的数据，它可以连续存储某种数据类型的一组数据项，也称为数组元素变量。数组变量由变量名和数组下标组成，如图 7.14 所示，通常用 Dim 语句来定义数组，定义格式如图 7.14 所示。

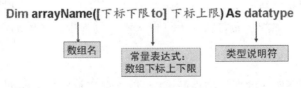

图 7.14　数组的结构

缺省情况下，下标下限为 0，数组元素从"数组名(0)"到"数组名(下标上限)"。如果使用 to 选项，可以安排非 0 下限。例如，

```
Dim S1(3) As Integer
```
定义数组变量 S1,共由 S1(0)、S1(1)、S1(2)、S1(3) 四个整型元素构成。
```
Dim X(5 to 7)As long
```
定义数组 X,共由 X(5)、X(6)、X(7) 三个长整型元素构成。

除了一维数组外,VBA 也支持多维数组,可以在数组下标中加入多个数值,并以逗号分开,由此来建立多维数组,最多可以定义 60 维。多维数组中数据的个数是数组中下标的乘积。下面定义了一个二维数组:
```
Dim NewArray(4,4) As Integer    '有 5×5 = 25 个整型元素
```
此外,VBA 还支持动态数组。定义和使用的方法是:先用 Dim 显式定义数组但不指明数组元素数目,然后用 ReDim 关键字来决定数组包含的元素数。下面定义了一个动态数组:
```
Dim S2( ) as Integer
…
ReDim S2(3,3,3)
…
```
在实际应用中,当预先不知道数组需要定义多少元素时,动态数组就非常有用了。如果不再需要动态数组包含的元素,可以使用 ReDim 将其设为 0 个元素,以便释放该数组占用的内存。

数组的作用域和生命周期的规则和关键字的使用方法与传统变量的范围及持续时间的规则和关键字的用法相同。

VBA 中,在模块的声明部分使用"Option Base 0/1"语句,可以将数组的默认下标下限由 0 改为 1。

7.3.3　常用标准函数

在 VBA 中,除了定义子过程或函数过程完成特定功能外,还提供了近百个内置的标准函数。正确和灵活地使用这些标准函数可以大大加快编程速度和提高工作效率。

标准函数一般用于表达式中,部分函数能和语句一样使用,其使用形式如图 7.15 所示。

图 7.15　标准函数的使用形式

其中,函数名必不可少,是符合函数命名规则的任何名称,函数的参数放在函数名之后的圆括号中,用逗号隔开。参数可以是常量、变量或表达式,参数可以有也可以没有。如果该函数被调用,那么该函数将会返回一个值。

注意:函数的参数和返回值都有特定的数据类型对应。下面介绍一些常用标准函数的使用。

1. 算术函数

算术函数完成数学计算功能,常用算术函数的功能如表 7.4 所示。

表 7.4　常用算术函数的功能

函数名	函数功能	例子
绝对值函数:Abs(＜表达式＞)	返回数值表达式的绝对值	Abs(−1)＝1
向下取整函数:Int(＜数值表达式＞)	返回数值表达式向下取整的结果,参数为负值时返回小于等于参数值的第一个负数	Int(4.3)＝4 Int(−4.3)＝−5
取整函数:Fix(＜数值表达式＞)	返回数值表达式的整数部分,参数为负值时返回大于等于参数值的第一个负数。说明:Int 和 Fix 函数参数为正值时,结果相同;当参数为负时,结果可能不同。Int 返回小于等于参数值的第一个负数,而 Fix 返回大于等于参数值的第一个负数	Fix(4.3)＝4 Fix(−4.3)＝−4
四舍五入函数:Round(＜数值表达式＞[,＜表达式＞])	按照指定的小数位数进行四舍五入运算。[,＜表达式＞]是进行四舍五入运算小数点右边应保留的位数	Round(4.3)＝4 Round(4.6)＝5
开平方函数:Sqr(＜数值表达式＞)	计算数值表达式的平方根	Sqr(4)＝2
产生随机数函数:Rnd(＜数值表达式＞)	产生一个 0~1 之间的随机数,为单精度类型	Rnd(5)＝0.705 547 52

2. 字符串函数

常用字符串函数的功能如表 7.5 所示。

表 7.5　常用字符串函数的功能

函数名	函数功能	例子
字符串检索函数:InStr([Start,]＜Str1＞,＜Str2＞[,Compare])	检索子字符串 Str2 在字符串 Str1 中比较早出现的位置,返回一整型数。Start 是可选参数,为数值表达式,设置检索的起始位置,如省略,则从第一个字符开始检索;如包含 Null 值,就会发生错误。Compare 为可选参数;指定字符串比较的方法,其值可以为 1、2 和 0(默认)。指定 0,做二进制比较;指定 1,做不区分大小写的文本比较;指定 2,则做基于数据库中包含信息的比较。如值为 Null,则会发生错误。如果指定了 Compare 参数,则一定要有 Start 参数	InStr("HELLO","L")＝3
字符串长度检测函数: Len(＜字符串表达式＞或＜变量名＞)	返回字符串所含字符数。注意:定长字符串,其长度是定义时的长度,和字符串的实际值无关	Len("hello")＝5
字符串截取函数: Left(＜字符串表达式＞,＜N＞)	从字符串左边起截取 N 个字符	Left("hello world",5)＝"hello"

续表

函数名	函数功能	例子
字符串截取函数：Right(＜字符串表达式＞,＜N＞)	从字符串右边起截取 N 个字符	Right("hello world",5)="world"
字符串截取函数：Mid(＜字符串表达式＞,＜N1＞,[N2])	从字符串左边第 N1 个字符起截取 N2 个字符	Mid("hello world",7,5)="world"
生成空格字符函数：Space(＜数值表达式＞)	返回数值表达式的值指定的空格字符数	
大小写转换函数：Ucase(＜字符串表达式＞)	将字符串中的小写字母转换成大写字母	Ucase("hello")="HELLO"
大小写转换函数：Lcase(＜字符串表达式＞)	将字符串中的大写字母换成小写字母	Lcase("HELLO")="hello"
删除空格函数：LTrim(＜字符串表达式＞)	删除字符串的开始空格	LTrim(" hello ")="hello "
删除空格函数：RTrim(＜字符串表达式＞)	删除字符串的尾部空格	RTrim(" hello ")=" hello"
删除空格函数：Trim(＜字符串表达式＞)	删除字符串的开始和尾部空格	Trim(" hello ")="hello"

3. 类型转换函数

类型转换函数的功能如表 7.6 所示。

表 7.6 类型转换函数功能

函数名	函数功能	例子
字符串转换成字符代码函数：Asc(＜字符串表达式＞)	返回字符串首字符的 ASCII 值	Asc("cat")=99
字符代码转换成字符函数：Chr(＜字符代码＞)	返回与字符代码相关的字符	Chr(99)="c"
数字转换字符串函数：Str(＜数值表达式＞)	将数字转换成字符串	Str(99)="99"
字符串转换数字函数：Val(＜字符串表达式＞)	将数字字符串转换成数值型数字	Val("99")=99
字符串转换日期函数 DateValue(＜字符串表达式＞)	将字符串转换成日期值	DateValue("February 11, 2011")=♯2011-2-11♯

4. 日期/时间函数

（1）返回系统时间函数

返回系统时间函数的功能如表 7.7 所示。

表7.7　返回系统时间函数功能

函数名	函数功能	例子
Date()	返回当前系统日期	返回当前日期，如2011－6－16
Time()	返回当前系统时间	返回系统时间，如9：20：00
Now()	返回当前系统日期和时间	返回系统日期和时间，如2011－6－16　9：20：00

（2）返回包含指定年月日的日期函数

具体函数功能如表7.8所示。

表7.8　返回包含指定年月日的日期函数

函数名	函数功能	例子
DateSerial(表达式1,表达式2,表达式3)	返回表达式1值为年、表达式2值为月、表达式3值为日而组成的日期值	DateSerial(2011,6,18)，返回♯2011－6－18♯

（3）截取日期分量函数

具体函数功能如表7.9所示。

表7.9　截取日期分量函数

函数名	函数功能	例子(表达式的值为♯2011－6－16♯)
Year(表达式)	返回年份	返回2011
Month(表达式)	返回月份	返回6
Day(表达式)	返回日期	返回16
Weekday(表达式)	返回星期几	返回5(2011－6－16是星期四) 星期从"周日到周六"的编号是从"1～7"

（4）截取时间分量函数

具体函数功能如表7.10所示。

表7.10　截取时间分量函数

函数名	函数功能	例子(表达式的值为♯2011－6－16 11:50:10♯)
Hour(表达式)	返回小时数(0～23)	返回11
Minute(表达式)	返回分钟数(0～59)	返回50
Second(表达式)	返回秒数(0～59)	返回10

（5）其他日期/时间函数

具体函数功能如表7.11所示。

表 7.11　其他日期/时间函数

函数名	函数功能	例子 (D=#2011-01-01 7:00:00#, D1=#2012-07-01 5:15:00#)
DateAdd(<间隔类型>,<间隔值>,<表达式>)	对表达式表示的日期按照间隔类型加上或减去指定的时间间隔值	DateAdd("yyyy",3,D)=#2014-01-01 7:00:00# DateAdd("m",3,D)=#2011-04-01 7:00:00#
DateDiff(<间隔类型>,<日期1>,<日期2>,[W1],[W2])	返回日期1和日期2之间按照间隔类型所指定的时间间隔数目	DateDiff("yyyy",D,D1)=1 DateDiff("m",D,D1)=6
DatePart(<间隔类型>,<日期>,[W1],[W2])	返回日期中按照间隔类型所指定的时间部分值	DatePart("yyyy",D)=2011 DatePart("m",D)=1

参数"间隔类型"表示时间间隔,为一个字符串,其设定值如表 7.12 所示。间隔值参数表示时间间隔的数目,数值可以为整数或负数。

表 7.12　"间隔类型"参数设定值

"间隔类型"设置	功能
yyyy	年
q	季
m	月
y	一年的日数
d	日
w	一周的日数
ww	周
h	时
n	分
s	秒

7.3.4　运算符和表达式

1. 运算符

在 VBA 中,提供了多种运算符来完成各种形式的运算和处理根据运算不同,可以分为四种类型的运算符:算术运算符、关系运算符、逻辑运算符和连接运算符。

(1) 算术运算符

用于算术运算,主要有乘幂(^)、取负(—)、乘法(﹡)、浮点数除法(/)、整数除法(\)、求模(Mod)、加法(+)及减法(—)八种运算符。

注意:

乘幂(^)运算符完成操作数的乘方运算。例如,2^3=8。

整数除法(\)运算符对两个操作数作除法并返回一个整数。如果操作数有小数部分,系统会将小数部分舍去后再进行运算;如结果中包含小数,也要舍去结果中的小数部分。例如,10.3\3=3。

求模(Mod)运算符对两个操作数作除法并返回余数。如果操作数是小数,系统会将小数四舍五入变成整数后再运算;余数的正负和被除数有关,如果被除数是负数,余数也是负数;反之,如果被除数是正数,余数则为正数。例如,10 Mod 3=1。

(2) 关系运算符

用来表示两个或多个值或表达式之间的大小关系,有相等(=)、不等(<>)、小于(<)、大于(>)、小于等于(<=)和大于等于(>=)六种运算符。比较的结果为逻辑值:True 或 False。

例如:5>3 返回 True;5=3 返回 False。

(3) 逻辑运算符

用于逻辑运算,包括与(And)、或(Or)和非(Not)三种运算符,其运算规则如图7.16所示。

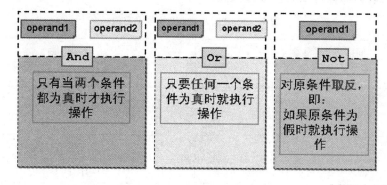

图7.16 逻辑运算符运算规则

(4) 连接运算符

用于将字符串和字符串以及字符串和其他类型的数据连接,有"&"和"+"两种运算符。"&"用来连接字符串和字符串或者字符串和其他类型的数据;而"+"运算符仅用来连接字符串与字符串。

例如,"2+3" & "=" & (2+3)运算结果为字符串"2+3=5"。

2. 表达式

表达式由操作数和运算符组合而成,表达式中的操作数可以是变量、常量或表达式。

当一个表达式由多个运算符连接在一起时,运算进行的先后顺序由运算符的优先级决定。VBA中常用的运算符的优先级划分如表7.13所示。

表 7.13　运算符的优先法

优先级	算术运算符	连接运算符	比较运算符	逻辑运算符
高 ↑ ↓ 低	^	& +	=	Not
	—（负数）		<>	And
	*、/		<	
	\		>	Or
	Mod		<=	
	+、—		>=	

运算符的优先级顺序为算术运算符＞连接运算符＞比较运算符＞逻辑运算符。

所有比较运算符的优先级相同，所有连接运算符的优先级也相同。优先级相同则运算符按从左到右的顺序来运算。括号优先级最高。

7.4　VBA 流程控制语句

在 VBA 中，一条语句是能够完成某项操作的一条命令。VBA 程序就是由大量的语句构成的。

VBA 程序语句按照其功能不同分为两大类型：

一是声明语句，用于给变量、常量或过程定义命名；二是执行语句，用于执行赋值操作、调用过程、实现各种流程控制。

执行语句可以分为三种结构：

① 顺序结构：按照语句顺序顺次执行。如赋值语句、过程调用语句等。

② 分支结构：又称选择结构，根据条件选择执行路径。

③ 循环结构：重复执行某一段程序语句。

7.4.1　赋值语句

赋值语句是为变量指定一个值或表达式，通常以等号"＝"连接，其使用格式为

[Let] 变量名 = 值或表达式

其中，Let 为可选项。

例如，

Dim a As Integer
a = 100

这里首先定义一个变量 a，然后对其赋值为 100。

注意：赋值语句的运算顺序是从右到左，所以 a＝100 的正确读法是：将 100 赋给变量 a，而不能够读成 a 等于 100。

7.4.2 条件语句

在实际应用中,仅仅使用顺序结构远远不能完成复杂问题的运算。所以除了简单的顺序结构外,还需要分支结构和循环结构来解决问题。分支结构是根据不同条件进行判断,然后根据判断结果来执行不同的操作。主要有以下一些结构

1. If…Then 语句（单分支结构）

语句结构为。

```
形式一:If 条件表达式 Then 语句
形式二：
If 条件表达式 Then
    语句序列
End If
```

其功能是先计算条件表达式,如果条件表达式为真,则执行 Then 之后的语句或语句序列;如果条件为假,则跳过语句或语句序列。

注意:在形式一中,Then 之后只能放置一条语句;在形式二中,可以放置一条或者多条语句,且必须以 End If 结束。

【例 7.4】 编写一个程序,输入本次等级考试的成绩,如果成绩大于等于 60 分则显示"考试及格了,终于可以好好放松一下了!",代码如下。

```
Private Sub test1()
    Dim x As Integer
    x = InputBox("请输入考试分数")
    If x >= 60 Then MsgBox "考试及格了,终于可以好好放松一下了!"
End Sub
```

2. If…Then…Else 语句（双分支结构）

双分支结构的语句结构为。

```
形式一:If 条件表达式 Then 语句序列1 Else 语句序列2
形式二：
If 条件表达式 Then
    语句序列 1
Else
    语句序列 2
End If
```

其功能是先计算条件表达式,如果条件表达式为真,则执行 Then 之后的语句或语句序列;如果条件为假,则执行 Else 之后的语句或者语句序列。

【例 7.5】 编写一个程序,输入本次等级考试的成绩,如果成绩大于等于 60 分则显示"考试及格了,终于可以好好放松一下了!";如果成绩小于 60 分,则显示"继续努力,争取下次过关",代码如下。

```
Private Sub test1()
    Dim x As Integer
    x = InputBox("请输入考试分数")
    If x >= 60 Then
        MsgBox "考试及格了,终于可以好好放松一下了!"
    Else
        MsgBox "继续努力,争取下次过关"
    End If
End Sub
```

3. If…Then…ElseIf 语句（多分支结构）

语句的结构为。

```
If 条件表达式 1 Then
    语句序列 1
ElseIf 条件表达式 2 Then
    语句序列 2
ElseIf 条件表达式 3 Then
    语句序列 3
…
[Else
    语句序列 n]
End If
```

其执行过程为从上到下对 If 后面的条件表达式依次进行判断,如果某个条件表达式为"true",则执行该表达式后面的语句组,并且跳过下面其他条件判断而结束 If 语句。

注意:无论是单分支、双分支或是多分支结构,最终只能执行一个分支之后的语句或语句序列。

【例 7.6】 编写一个程序,根据用户输入的期末考试成绩输出相应的成绩评定信息：
① 成绩大于等于 90 分输出"优";
② 成绩大于等于 80 分小于 90 分输出"良";
③ 成绩大于等于 60 分小于 80 分输出"中";
④ 成绩小于 60 分输出"差"。

解析:这个问题将成绩分成了好几个区间,显然需要使用多分支结构来完成。

代码如下。

```
If 考试成绩 >= 90 Then
    MsgBox "优"
ElseIf 考试成绩 >= 80 Then
    MsgBox "良"
ElseIf 考试成绩 >= 60 Then
    MsgBox "中"
Else
    MsgBox "差"
End If
```

4. Select Case…End Select 语句

【例 7.7】 要求用户输入一个字符值并检查它是否为元音字母。

解析：元音字母即英文字母的"a、e、i、o、u"。当输入一个字符时，如果该字符是"a、e、i、o、u"中的任意一个，则输出"您输入的是元音字母"；否则就输出"您输入的不是元音字母"。该问题可以使用多分支结构来解决。

代码如下。

```
Sub yuanyin()
    Dim char As String
    char = InputBox("请输入一个小写字母:")
    If char = "a" Then
        MsgBox "您输入的是元音字母"
    ElseIf char = "e" Then
        MsgBox "您输入的是元音字母"
    ElseIf char = "i" Then
        MsgBox "您输入的是元音字母"
    ElseIf char = "o" Then
        MsgBox "您输入的是元音字母"
    ElseIf char = "u" Then
        MsgBox "您输入的是元音字母"
    Else
        MsgBox "您输入的不是元音字母"
    End If
End Sub
```

在例 7.7 中，使用多分支结构的程序看上去比较繁杂。此时，可以采用 Select Case…End Select 语句来解决。

语句结构为

```
Select Case 表达式
    Case 表达式 1
        语句序列 1
    Case 表达式 2
        语句序列 2
    …
    Case Else
        语句序列 N
End Select
```

Select Case…End Select 结构运行时，首先计算"表达式"的值，它可以是字符串、数值变量或表达式，然后会依次测试每个 Case 后面"表达式"的值。如果 Select Case 后的表达式和某一个 Case 后的表达式相同，程序就会转入相应的 Case 结构内执行语句，如果条件都不匹配时，则执行关键字 Case Else 之后的语句。Case 表达式可以是下列数据之一：

① 单一数值或一行并列的数值，数值之间以逗号来隔开。

② 表示某个范围，范围的初始值和终值由关键字 To 分隔开，例如 Case 8 To 11。需要注意的是，初始值比终值要小，否则没有符合条件的情况。

③ 关键字 Is 接关系运算符,如<>、<、<=、=、>=或>,后面再接变量或精确的值,如 Case Is>3。

注意:Case 语句是依次执行的,该语句会执行第一个符合 Case 条件的相关语句序列,即使再有符合条件的分支也不会再执行

使用 Select Case…End Select 语句求解【例 7.7】,代码如下。

```
Sub yuanyin()
    Dim char As String
    char = InputBox("请输入一个小写字母:")
    Select Case char
        case "a"
            MsgBox "您输入的是元音字母 a"
        case "e"
            MsgBox "您输入的是元音字母 e"
        case "i"
            MsgBox "您输入的是元音字母 i"
        case "o"
            MsgBox "您输入的是元音字母 o"
        case "u"
            MsgBox "您输入的是元音字母 u"
        Case Else
            MsgBox "您输入的不是元音字母"
    End Select
End Sub
```

5. 条件函数

除了 If…End If 结构和 Select Case…End Select 外,VBA 还提供了三个函数来完成相应的选择操作。

(1) IIf 函数:IIf(条件式,表达式 1,表达式 2)

原理上类似于 If…Then…Else 语句,当"条件式"值为"真",函数返回"表达式 1"的值;当"条件式"为"假",函数返回"表达式 2"的值。例如,

```
b = IIf(6>3, "对", "错")
```

因为 6>3 的结果为 True,所以 b 的值为第二个参数的值"对"。

(2) Switch 函数:Switch(条件式 1,表达式 1[,条件式 2,表达式 2[,条件式 n,表达式 n]])

该函数原理类似于 If…Then…ElseIf 语句。每一个条件式后都有一个表达式,函数由左至右对条件式进行计算判断,返回第一个为真的条件式后的表达式的值。如果其中有部分不成对,则会产生一个运行错误。该语句的用法如下:

```
b = Switch(6 < 5, 6, 6 > 5, 5)
```

因为"6 < 5"为 False,而"6 > 5"为 True,所以 b 的值为 5。

(3) Choose 函数:Choose(索引式,选项 1[,选项 2,…[,选项 n]])

该函数原理上类似于 Select Case 语句。首先计算"索引式"的值,当"索引式"的值为 n,函数就返回"选项 n"值;当"索引式"的值小于 1 或大于列出的选择项数目时,函数则返回无效值

(Null)。

b = Choose(2+2,4,3,2,1)

因为"2+2"的值为 4,所以 b 的值为第四个选项 1。

7.4.3 循环语句

循环语句可以实现重复执行一行或多行程序代码。VBA 支持以下循环语句结构:For…Next、Do While…Loop 和 While…Wend。

1. For…Next 语句

For…Next 语句能够重复执行程序代码区域特定次数,使用格式如下。

```
For 循环变量 = 初值 To 终值 [Step 步长]
    循环体
    [条件语句序列
        Exit For
    结束条件语句序列]
Next [循环变量]
其中 Step 为 1 时可以省略。
```

程序执行步骤。

(1) 为循环变量赋初值。

(2) 循环变量与终值比较,确定循环是否进行:

步长>0 时,若循环变量<=终值,执行循环体一次;若循环变量>终值,循环结束,退出循环。

步长=0 时,若循环变量值<=终值,死循环;若循环变量值>终值,一次循环也不执行。

步长<0 时,若循环变量值>=终值,执行循环体一次;若循环变量值<终值,循环结束,退出循环。

(3) 执行循环体。

(4) 循环变量值增加步长的值(循环变量=循环变量+步长),程序跳转到步骤②。

循环变量的值如果在循环体内不被更改,则计算循环次数可以使用公式:

$$循环次数=(终值-初值+1)/步长$$

例如,初值=1,终值=10,步长=2,则循环体的执行重复(10-1+1)/2=5 次。但如果循环体的值在循环体内被更改,则不能适用该公式。

【例 7.8】 计算 1+2+3+…+50 的和。

代码如下。

```
Sub sum1()
    Dim result As Integer
    Dim i As Integer
    result = 0
    For i = 1 To 50
        result = result + i
    Next i
    MsgBox result
End Sub
```

2. Do While…Loop 语句

使用格式如下。

```
Do While <条件式>
    循环体
    [条件语句序列
        Exit Do
    结束条件语句序列]
Loop
```

这个循环结构在条件式结果为真时执行循环体,并持续到条件式结果为假或执行到选择性 Exit Do 语句而退出循环,该循环是先判断后执行,所以如果条件为假,则循环体一次也不会被执行。

【例 7.9】 通过 Do While…Loop 语句输出从 1 到 10 之间的偶数分别乘以 10 的结果。代码如下。

```
Sub test()
    Dim num As Integer
    Dim result As Integer
    num = 1
    Do While num <= 10
        result = num * 10
        Debug.Print num & "×10=" & result
        num = num + 2
    Loop
End Sub
```

注意:Debug.Print 将结果显示在"立即窗口",所以在运行代码前必须将"立即窗口"显示出来。

3. Do…Loop Until 语句

使用格式如下。

```
Do
    循环体
    [条件语句序列
        Exit Do
    结束条件语句序列]
Loop Until 条件式
```

Do…Loop Until 语句先执行循环体一次,然后进行判断,如果条件为真就退出循环,如果条件为"假"就继续循环。所以,此种循环结构即使开始条件为假,循环体也至少会被执行一次。

4. Do Until…Loop 语句

其结构与 Do While…Loop 结构相对应,当条件式值为假时,重复执行循环,直到条件式值为真,结束循环。使用格式如下。

```
Do Until <条件式>
    循环体
    [条件语句序列
        Exit Do
    结束条件语句序列]
Loop
```

5. Do…Loop While 结构

其结构与 Do…Loop Until 结构相对应，当条件式值为真时，重复执行循环，直到条件式值为假，结束循环，使用格式如下。

```
Do
    循环体
    [条件语句序列
        Exit Do
    结束条件语句序列]
Loop While 条件式
```

6. While…Wend 结构

与 Do While…Loop 结构相似，主要为了兼容 QBasic 和 QuickBasic 而提供，一般不常用，读者只需了解即可，使用格式如下。

```
While <条件式>
    循环体
Wend
```

7.5 面向对象的程序设计

在 Access 中，VBA 采用目前主流的面向对象机制和可视化编程环境。简单来说，面向对象是使计算机用对象的方法来解决实际中的问题。在使用 VBA 进行程序设计时，世界上的任何事物都可以被看做对象，如一张桌子、一台计算机、一次考试，包括我们自己都是对象。每一个对象都有自己的属性、方法和事件，用户是通过属性、方法和事件来处理对象的。

7.5.1 属性和方法

属性：描述对象的性质。例如，一个人的肤色、身高、体重等就是这个人的属性。

方法：描述对象的行为。例如，一个人能跑、能说话等功能就是这个人的行为。

在 VBA 中可以使用"对象名.属性"的方式来引用对象的属性。例如，label1.caption="学生成绩表"，表示给标签对象(label1)的标题(caption)属性赋值为"学生成绩表"。

对象的方法引用方式为对象名.方法[参数名表]。例如，text1.setfocus 表示调用文本框对象(text1)的设置焦点(setfocus)方法。

Access 中提供了一个重要的对象：DoCmd 对象。可以通过调用 DoCmd 对象中的方法来实现很多操作。例如，DoCmd.OpenReport "学生信息"，表示使用 DoCmd 中的 OpenReport 方法打开报表"学生信息"。

7.5.2 事件和事件过程

事件是 Access 窗体或报表及其上的控件等对象可以"辨识"的动作,如单击鼠标、窗体或打开报表等操作。在 Access 数据库系统里,可以通过两种方式来处理窗体、报表或控件的事件响应。一是使用宏对象来设置事件属性;二是为某个事件编写 VBA 代码过程,完成指定动作,即事件过程。

Access 中窗体、报表和控件的事件很多,常用的有"单击"事件、"加载"事件等。

7.6 VBA 常见操作

在 VBA 编程过程中会经常用到一些操作,例如打开或关闭、输入值、显示提示信息或计时功能等,这些功能都可以使用 VBA 的输入框、消息框及计时事件 Timer 等来实现。

7.6.1 DoCmd 对象的应用

DoCmd 是一个非常有用的对象,该对象有很多经常会使用到的方法,如 OpenForm、OpenQuery、Close 等。由于方法比较多,而且名称较难记忆,所以书写起来不是很方便。针对这种情况,VBE 编辑环境提供了代码提示功能,这样,在编程时,重点就可以放在对程序逻辑的编写中,而不需要放在对这些复杂单词的记忆上了。

1. 打开窗体操作

打开窗体的命令格式为

```
DoCmd.OpenForm formname[,view][,filtername][,wherecondition]
[,datamode][,windowmode]
```

参数说明如表 7.14 所示。

表 7.14 打开窗体命令参数说明

名称	说明
formname	字符串表达式,代表窗体的有效名称
view	可选项,窗体打开模式。默认为 0,打开窗体视图;为 1 时,打开设计视图;为 2 时,打开预览视图
filtername	可选项。字符串表达式,代表过滤的数据库查询的有效名称
wherecondition	可选项。字符串表达式,不含 Where 关键字的有效 SQL Where 子句
datamode	可选项,窗体的数据输入模式。为 0 时,可以追加,但不能编辑;为 1 时,可以追加和编辑;为 2 时,只读;-1 为默认值
windowmode	可选项,打开窗体时所采用的窗口模式。默认为 0,正常窗口模式;为 1 时,隐藏窗口模式;为 2 时,最小化窗口模式;为 3 时,对话框模式

【例 7.10】 打开名为"学生信息"的窗体。

具体操作步骤如下。

(1) 打开"学籍管理"数据库,在"导航窗格"中单击"学生信息"表。单击"创建"选项卡,然后单击"窗体"组中的"创建"按钮,自动创建窗体,命名为"学生 1",如图 7.17 所示。

图 7.17　创建"学生 1"窗体

(2) 在"创建"选项卡中,单击"宏与代码"组中的"模块"按钮,打开 VBE 环境,弹出"模块 1"窗口,如图 7.18 所示。

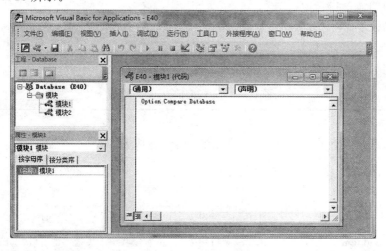

图 7.18　新建模块

(3) 输入代码,如图 7.19 所示。由于要执行的方法为"OpenForm",但是只需要输入"open"后,该环境就会将 DoCmd 以 open 开头的所有方法都显示出来,只需要在列表中选择要使用的方法就可以了。

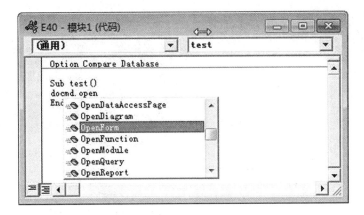

图 7.19　利用代码提示功能

(4) 选择后,按 Enter 键,该方法名会自动输入,完整代码如图 7.20 所示。

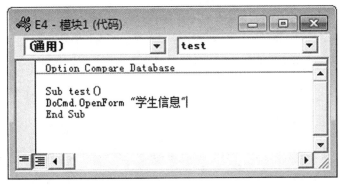

图 7.20　完整代码

(5) 在"工具栏"中单击"运行"按钮,如图 7.17 所示,即可弹出"学生信息"窗体。

2. 打开报表操作

其命令格式为。

Docmd.OpenReport reportname[,view][,filtername][,wherecondition]

参数说明如表 7.15 所示。

表 7.15　打开报表命令参数说明

名称	说明
reportname	字符表达式,代表报表的有效名称
view	可选项,报表打开模式。默认为 0,打印模式;为 1 时,设计模式;为 2 时,预览模式
filtername	可选项,字符串表达式,代表过滤的数据库查询的有效名称
wherecondition	可选项,字符串表达式,不含 Where 关键字的有效 SQL Where 子句

【例 7.11】　预览名为"学生信息报表"的报表。

具体操作类似于"打开窗体操作",在此只给出程序代码。

```
Sub test1()
    DoCmd.OpenReport  "学生报表"
End Sub
```

3. 关闭操作

其命令格式为。

```
Docmd.Close [objecttype][,objectname][,save]
```

参数说明如表 7.16 所示。

表 7.16　关闭操作命令参数说明

名称	说明
Objecttype	可选项,关闭对象的类型。默认为-1;为 0 时,关闭表;为 1 时,关闭查询;为 2 时,关闭窗体;为 3 时,关闭报表;为 4 时,关闭宏;为 5 时,关闭模块;为 6 时,关闭数据访问页;为 7 时,关闭视图;为 8 时,关闭图表;为 9 时,关闭存储过程;为 10 时,关闭函数
Objectname	可选项,字符串表达式,代表有效的对象名称
Save	可选项,对象关闭时的保存性质。默认为 0,提示保存;为 1 时,保存;为 2 时,不保存

说明:该命令可以广泛用于关闭 Access 各种对象。省略所有参数时会关闭当前窗体。

7.6.2　消息框

消息框是一个显示消息的对话框,它通过返回一个整型值来告诉用户所单击的按钮,其格式如下。

```
MsgBox(prompt [,buttons] [,title] [,helpfile] [,context])
```

参数说明如表 7.17 所示。

表 7.17　消息框命令参数说明

名称	说明
prompt	必选项。提示字符串,最大长度是 1 024 个字符。如包含多个行,则可在各行之间用回车符 Chr(13)、换行符 Chr(10) 或回车换行符组合 Chr(13) & Chr(10) 分隔
Buttons	可选项。指定显示按钮的数目及形式、使用的图标样式、缺省按钮是什么、消息框的强制回应等。如果省略为默认值 0,只显示"OK"按钮,为 1 时,显示"OK"及"Cancel"按钮;为 3 时,显示"Yes"、"No"及"Cancel"按钮;为 4 时,显示"Yes"及"No"按钮;为 5 时,显示"Retry"及"Cancel"按钮;为 16 时,显示"Critical"及"Message"图标;为 32 时,显示"Warning Query"图标;为 48 时,显示"Warning Message"图标;为 64 时,显示"Information Message"图标

【**例 7.12**】　编写运行程序,弹出信息为"你好,欢迎来到 VBA 世界"的消息框。
具体操作步骤如下。
(1) 在 VBE 环境中输入下面的代码:

```
Sub a()
    MsgBox "你好,欢迎来到 VBA 世界"
End Sub
```

(2)在工具栏中单击"运行"按钮,即可弹出消息框,如图 7.21 所示。

图 7.21 运行结果

7.6.3 输入框

输入框是一个等待用户输入的对话框,它返回包含文本框内容的字符串数据信息,其格式如下。

InputBox(prompt [,title] [,default] [,xpos] [,ypos] [,helpfile,context])

参数说明如表 7.18 所示。

表 7.18 输入框命令参数说明

名称	说明
prompt	必选项。提示字符串,最大长度大约是 1 024 个字符。如包含多个行,则可在各行之间用回车符 Chr(13)、换行符 Chr(10) 或回车换行符组合 Chr(13) & Chr(10) 来分隔
title	可选项。显示对话框标题栏中的字符串表达式。如果省略 title,则把应用程序名放入标题栏中 default 可选项。显示文本框中的字符串表达式,在没有其他输入时作为默认值。如果省略,则文本框为空
xpos	可选项。指定对话框的左边与屏幕左边的水平距离。如果省略,则对话框会在水平方向居中
ypos	可选项。数值表达式,成对出现,指定对话框的上边与屏幕上边的距离。如果省略,则对话框被放置在屏幕垂直方向距下边约 1/3 的位置
helpfile	可选项。字符串表达式,识别帮助文件,用该文件为对话框提供上下文相关的帮助。如果已提供 helpfile,则也必须提供 context
context	可选项。数值表达式,由帮助文件的作者指定给某个帮助主题的帮助上下文编号。如果已提供 context,则也必须提供 helpfile

注意:当中间若干个参数省略时,分隔符逗号","不能缺少。

【例 7.13】 编写运行程序,在输入框中输入一个数字,然后在消息框中将此数字输出。具体操作步骤如下。

(1)在 VBE 环境中输入下面的代码:

```
Sub a()
    Dim num As Integer
    num = InputBox("请输入一个数字")
    MsgBox "你输入的数字为" & num
End Sub
```

(2) 在工具栏中单击"运行"按钮,弹出输入框,如图 7.22 所示。

图 7.22 弹出输入框

(3) 在输入框的文本框中输入数字"3",单击"确定"按钮,弹出"消息框",如图 7.23 所示。

图 7.23 运行结果

7.6.4 鼠标操作

对于鼠标操作来说,主要有 MouseDown(鼠标按下)、MouseMove(鼠标移动)和 MouseUp(鼠标抬起)三个事件,其事件过程形式分别为(＊＊＊为控件对象名):

(1) ＊＊＊_MouseDown(Button As Integer,Shift As Integer,X As Single,Y As Single)

(2) ＊＊＊_MouseMove(Button As Integer,Shift As Integer,X As Single,Y As Single)

(3) ＊＊＊_MouseUp(Button As Integer,Shift As Integer,X As Single,Y As Single)

以窗体 Form 为例:

```
Private Sub Form_MouseDown(Button As Integer, Shift As Integer,X As Single,Y As Single)
    ...
End Sub
Private Sub Form_MouseUp(Button As Integer, Shift As Integer,X As Single,Y As Single)
```

```
...
End Sub
Private Sub Form_MouseMove(Button As Integer, Shift As Integer,X As Single,Y As Single)
...
End Sub
```

说明：

① Button 参数，用于判断鼠标操作的具体是哪个键，左、中、右三个键可以分别用符号常量 acLeftButton、acMiddleButton 和 acRightButton 来说明。

② Shift 参数，用于判断在操作鼠标的同时，是否也操作了键盘控制键。

③ X 和 Y 参数，用于返回在操作的时候鼠标所在的坐标位置。

7.6.5 键盘操作

键盘操作主要有 KeyPress、KeyUp 和 KeyDown 三个事件。

KeyPress 事件：用户按下并释放一个能产生 ASCII 码的键时被触发。

KeyUp 事件：用户释放任一键时被触发。

KeyDown 事件：用户按下任一个键时被触发。

引发 KeyPress 事件的按键：数字、大小写字母、Enter、BackSpace、Esc、Tab 等键。

如文本框 Text1 的 KeyPress 事件如下：

```
Private Sub Text1_KeyPress(Keyascii As Integer)
...
End Sub
```

"a"的 ASCII 值为 97；"A"的 ASCII 值为 65。

当控制焦点在某个对象上时，按下键盘上的任一键便会引发该对象的 KeyDown 事件，释放按键便会触发 KeyUp 事件。

如文本框 Text1 的 KeyDown 事件过程：

```
Private Sub Text1_KeyDown(KeyCode As Integer,Shift As Integer)
...
End Sub
```

如文本框 Text1 的 KeyUp 事件过程：

```
Private Sub Text1_KeyUp(KeyCode As Integer,Shift As Integer)
...
End Sub
```

参数说明如下。

KeyCode：为用户所操作键的扫描码，即键的物理位置相同，则 KeyCode 参数值相同（"A"和"a"、5 和％等）；但大键盘的数字和小键盘的数字的 KeyCode 不一样。

Shift：根据是否同时按下 Shift 键、Ctrl 键和 Alt 键返回的一个整数，如表 7.19 所示。

表 7.19　按下 Shift 键、Ctrl 键和 Alt 键返回的参数

整数值	符号常量	说明
1	vbShiftMask	按下 Shift 键
2	vbCtrlMask	按下 Ctrl 键
4	vbAltMask	按下 Alt 键
0	无	没有按下 Shift 键、Ctrl 键、Alt 键
7	无	同时按下 Shift 键、Ctrl 键、Alt 键

7.6.6　计时事件

在 VBA 中,通过设置窗体的"计时器间隔"属性和添加"计时器触发"事件来完成"定时"功能。其处理过程是"计时器触发"事件每隔"计时器间隔"就会被激发一次,并运行"计时器触发"事件过程来响应。如此不断重复,即可实现"定时"功能。

【例 7.14】　在窗体中编写一个简单的秒表计时器。

要求:单击按钮时开始计数,小针从 1 开始加,最大值为 10,小针加到 10 后归 0,然后从 0 继续加到 10。小针每加到 10,秒针就加 1。第二次单击按钮则停止计数,再单击一次按钮则继续计数,如此循环。

具体操作步骤如下。

(1) 创建"计时器"窗体,并在其上添加两个标签,"名称"属性分别为"num2"和"num1";一个按钮,"名称"属性为"bOk","标题"属性为"开始计时",如图 7.24 所示。

图 7.24　创建计时窗体

(2) 打开"窗体"属性对话框,设置"计时器间隔"属性值为 100(即 100ms),并设置"计时器触发"属性为"[事件过程]",单击其后的"…"按钮,进入 Timer 事件过程编写事件代码,如图 7.25 所示。

注意:"计时器间隔"属性值以毫秒(ms)为计量单位,故输入 100 表示间隔为 0.1s。

图 7.25 "窗体"属性

(3) 设计窗体"计时器触发"事件、窗体"打开"事件和按钮的"单击"事件代码,有关变量的类模块定义如下。

```
Option Compare Database
    Dim flag As Boolean
    Private Sub bOK_Click()
    flag = Not flag
    End Sub
    Private Sub Form_Open(Cancel As Integer)
    flag = False
End Sub
Private Sub Form_timer()
    If flag = True Then
        Me.num1.Caption = CLng(Me.num1.Caption) + 1
    End If
    If num1.Caption = 10 Then
        Me.num1.Caption = 0
        Me.num2.Caption = CLng(Me.num2.Caption) + 1
    End If
End Sub
```

(4) 运行结果如图 7.26 所示。

图 7.26 运行结果

7.6.7 数据文件读写

在 Access 中,可以使用函数来实现对文件的读写功能,即对文件内容进行管理。

1. 打开文件

VBA 使用 Open 函数打开一个文件,其格式如下。

```
Open pathname For mode [ access ] [ lock ] As [ # ] filenumber [ len = recordlength ]
```

参数说明如表 7.20 所示。

表 7.20 Open 函数的参数说明

名称	说明
pathname	要打开文件的路径
mode	取值为 Append、Binary、Input、Output、Random(默认值)中任一值
access	取值为 Read(默认值)、Write、ReadWrite 中任一值
lock	取值为 Shared(默认值)、LockRead、LockWrite、LockReadWrite 中任一值
filenumber	标识文件

2. 读取文件内容

(1) Input # 语句

从打开的文件中提取数据并为变量赋值。

(2) Line Input # 语句

与 Input # 语句类似,从打开的文件中提取数据,一次只能提取一行。

3. 写入文件

(1) Write # 语句

语句格式为。

```
Write # filenumber[ ,outputlist ]
```

(2) Print # 语句

语句格式为。

```
Print # filenumber [ ,outputlist ]
```

Write # 语句和 Print # 语句都可以将值写入打开的文件之中,两者的区别在于:Write # 语句是将数据写入到指定文件中,而 Print # 语句则是创建一个新的打印文件。

7.6.8 检查函数

检查数据是否为特定值或特定格式,常用于检查变量或者窗体控件值等,如表 7.21 所示。

表 7.21 VBA 常用检查函数功能

函数名	函数功能
IsNull(<表达式>)	返回逻辑值,指示表达式是否包含无效数据(Null)。若返回 True,表达式为 Null
IsNumeric(<表达式>)	返回逻辑值,指示表达式是不是数字。若返回 True,表达式为数字
IsDate(<表达式>)	返回逻辑值,指示表达式是否可转换成日期。若返回 True,可转换

7.7 过程调用和参数传递

下面结合实例介绍过程的调用和过程的参数传递。

7.7.1 子过程的定义和调用

可以用 Sub 语句声明一个新的子过程。定义格式如下。

```
[Public|Private][Static] Sub 子过程名([<形参>])
[<子过程语句>]
[Exit Sub]
[<子过程语句>]
End Sub
```

说明：Public 关键字用来说明该过程是可以用于所有模块中的其他过程，而 Private 关键字用来说明该过程只能够用于同一模块中的其他过程。

子过程的调用形式有两种：

(1) Call 子过程名([<实参>])

(2) 子过程名[<实参>]

【例 7.15】 分析以下程序段：

```
Sub ST()
    Static s1 As Integer
    s1 = s1 + 1
    MsgBox s1
End Sub
Sub useST()
    Call ST
    ST
End Sub
```

分析：该程序中有一个名为 ST 的过程，在其中定义了一个 Static 类型的变量 s1，然后将该变量加 1 输出；还有一个名为 useST 的过程，在该过程中通过"Call ST"和"ST"两种方式调用了 ST 过程，也就是 ST 过程被调用了两次。每调用一次 ST 过程，变量 s1 就加 1。又因为 s1 是 static 类型的，所以 s1 的值会累加，输出两次 s1 的值分别为 1 和 2。

7.7.2 函数过程的定义和调用

可以使用 Function 语句定义一个函数过程，定义格式如下。

```
[Public|Private][Static] Function 函数过程名([<形参>])[As 数据类型]
[<函数过程语句>]
[函数过程名 = <表达式>]
[Exit Function]
[<函数过程语句>]
```

```
    [函数过程名 = <表达式>]
End Function
```

说明:Public 关键字用来说明该函数可以适用于所有模块中的其他过程,而 Private 关键字用来说明该函数只能够适用于同一模块中的其他过程。

函数过程的调用形式只有一种:函数过程名([<实参>])

函数过程的返回值有两种用途:

一是可以作为赋值成分赋予某个变量,格式为。

```
变量 = 函数过程名([<实参>])
```

二是将函数过程返回值作为某个过程的实参成分使用。

【例 7.16】 分析以下程序段:

```
Public Sub MyFun1()
    Dim Var As Integer
    Var = MyFun2()
    MsgBox var
End Sub
Function MyFun2() As Integer
    MyFun2 = 3 * 4
End Function
```

分析:这段代码中包含一个名为 MyFun1 的 Sub 过程和一个名为 MyFun2 的 Function 函数过程,在 MyFun2()中进行了一个简单的乘法运算(3*4),然后将乘积 12 赋给 MyFun2。在 MyFun1()中调用 MyFun2(),将 MyFun2()返回的乘积 12 存储在变量 var 中,最后将 var 的值通过消息框输出。

7.7.3 参数传递

过程定义时设置一个或者多个参数,这些参数称为形参(形式参数的简称),多个形参之间用逗号分隔。其中,每个形参的完整定义格式为:

```
[Optional][ByVal | ByRef][ParamArray]Varname[( )][As Type][ = defaultvalue]
```

各项含义如表 7.22 所示。

表 7.22 形参参数含义

名称	说明
varname	必需的,形参名称。遵循标准的变量命名约定
type	可选项,传递给该过程的参数的数据类型
Optional	可选项,表示参数不是必需的。如果使用了 ParamArray,则任何参数都不能使用 Optional
ByVal	可选项,表示该参数按值传递
ByRef	可选项,表示该参数按地址传递。ByRef 是 VBA 的缺省选项
ParamArray	可选项,只用于形参的最后一个参数,指明最后这个参数是一个 Variant 元素的 Optional 数组。使用 ParamArray 关键字可以提供任意数目的参数。但 ParamArray 关键字不能与 ByVal、ByRef 或 Optional 一起使用
Defaultvalue	可选项,任何常数或常数表达式,只对 Optional 参数合法,如果类型为 Object,则显示的缺省值只能是 Nothing

含参数的过程或者函数被调用时,主调过程中的调用式必须提供相应的实参(实际参数的简称),并通过实参向形参传递的方式完成过程操作或函数调用。

【例 7.17】 形参和实参的使用参照以下代码。

```
Sub a()
    Dim m As Integer
    Dim n As Integer
    m = 2
    n = 3
    Call b(m, n)                              '调用过程,传递实参 m、n
    MsgBox m
End Sub
Sub b(ByRef i As Integer, ByRef j As Integer)  'i、j 均为过程 b 的形参
    Dim s As Integer
    i = i + j
End Sub
```

关于实参向形参的数据传递,还需要说明以下几点:

① 实参可以是常量、变量或表达式。

② 实参数目和类型应该与形参数目和类型相匹配。除非形参定义含 Optional 和 ParamArray 选项,则参数、类型可能不一致。

③ 传值调用(ByVal 选项)的"单向"作用形式与传址调用(ByRef 选项)的"双向"作用形式。

过程定义时,如果形式参数被说明为传值(ByVal 项),则过程调用只是相应位置实参的值"单向"传递给形参处理,而被调用过程内部对形参的任何操作引起的形参值的变化均不会反馈、影响实参的值。由于这个过程,数据的传递具有单向性,故称为"传值调用"的"单向"作用形式。反之,如果形式参数被说明为传址(ByRef 项),则过程调用是将相应位置实参的地址传递给形参处理,而被调用过程内部对形参的任何操作引起的形参值的变化又会反向影响实参的值。在这个过程中,数据的传递具有双向性,故称为"传址调用"的"双向"作用形式。

注意:实参可以是常量、变量或表达式三种方式之一。如果实参为常量或表达式时,形参即便是传址(ByRef 项)说明,实际传递的也只是常量或表达式的值,这种情况下,过程参数"传址调用"的"双向"作用形式就不起作用;但实参是变量、形参是传址(ByRef 项)说明时,可以将实参变量的地址传递给形参,这时,过程参数"传址调用"的"双向"作用形式就会产生影响。

【例 7.18】 传值调用与传址调用。

```
Sub a()
    Dim m As Integer
    Dim n As Integer
    m = 2
    n = 3
    Call b(m, n)   '调用过程 b
    MsgBox "m = " & m & ",n = " & n
End Sub
Sub b(ByVal i As Integer, ByRef j As Integer)
    Dim s As Integer
    i = i * 2
```

```
        j = j * 2
End Sub
```

输出结果为 m=2,n=6

被 ByVal 所修饰的形参 i 表示该参数"按传值调用"的方式传递参数,被 ByRef 所修饰的形参 j 表示该参数"按传址调用"的方式传递参数。过程 a() 中调用过程 b() 时,实参 m 将值"单向"传递给形参 i,m 的值依旧为 2;而实参 n 将值"双向"传递给形参 j,调用完毕后 n 的值变化为 6,即被调过程 b() 中形参 j 的值变化为 6(j = j * 2)。

7.8 VBA 程序错误处理与调试

在编写程序代码的过程中,出现错误是不可避免的,特别是当编写的程序比较复杂、代码量比较大时,更容易出现错误。所以我们应该掌握正确的程序调试方法,快速地找出问题所在,不断改进、完善程序。

7.8.1 设置断点

所谓断点,顾名思义就是用以中断程序执行的"位置点"。可以在过程的某个特定语句上设置一个断点,程序执行到该条语句就会中断执行,等待用户下一步操作。设置断点可以方便程序员查找错误位置。

可以通过以下四种方式设置断点。

① 选择一行语句,单击"调试"工具栏中的"切换断点"按钮,可以设置和取消断点,如图 7.27 所示。

图 7.27 单击"切换断点"按钮

② 选择一行语句,执行"调试"菜单下"切换断点"命令可以设置和取消断点。

③ 选择一行语句,将鼠标光标移至一行的最左侧,点击可以设置和取消断点,如图 7.28 所示。

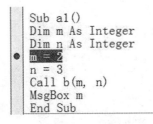

图 7.28 单击行首设置断点

④ 选择一行语句,按下键盘上的 F9 键可以设置和取消断点。

7.8.2 调试工具的使用

首先进入 VBA 环境中,右击菜单栏空白位置,在弹出的快捷菜单中选择"调试"选项,如图 7.29 所示,可以打开"调试"工具栏,如图 7.30 所示。

图 7.29 选择"调试"选项

图 7.30 "调试"工具栏

下面介绍"调试"工具栏中的常用按钮。

① 逐语句 : 一次一个语句地执行代码。

② 逐过程 : 在"代码"窗口中一次一个过程或语句地执行代码。

③ 跳出 : 在当前执行点所在位置的过程中,执行其余的程序行。

④ 中断 : 当程序正在运行时停止其执行,并切换至中断模式。在程序中断位置会产生一个"黄色"亮杠。

⑤ 重新设置 : 清除执行堆栈及模块级变量并重置工程。

⑥ 本地窗口 : 用于打开"本地窗口"。

⑦ 立即窗口 : 用于打开"立即窗口"。

⑧ 监视窗口 : 用于打开"监视窗口"。便于观察数据的中间结果,分析并发现程序中的错误。

⑨ 快速监视 : 显示所选表达式当前值。

【例 7.19】 对例 7.17 中的变量 i 添加监视,然后通过"逐语句"执行程序,当语句执行到"i=i+j"时,在"监视窗口"就会自动显示出当前 i 的值。

具体操作步骤如下。

(1) 单击"调试"工具栏中的"监视窗口"工具按钮,在下侧打开"监视窗口"。

(2) 执行"调试"菜单下的"添加监视"命令,在弹出的"添加监视"对话框中的"表达式"文本框中输入要监视的变量"i",在"过程"组合框选择变量所在的过程"b",如图 7.31 所示。"监视窗口"的显示结果如图 7.32 所示。

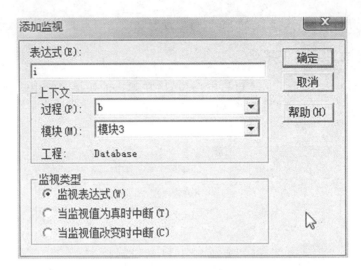

图 7.31 "添加监视"对话框

图 7.32 添加监视表达式

(3) 逐语句执行程序,当语句执行到创建"b"模块时,此时创建了变量"i","监视窗口"对话框会显示出 i 的当前值为"2",如图 7.33 所示。

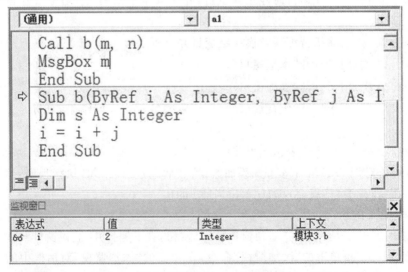

图 7.33 单步执行程序时"监视窗口"内的变化 1

(4) 继续逐语句执行程序,当执行完语句"i=i+j"后,"监视窗口"对话框会显示出 i 的当前值又变化为"5",如图 7.34 所示。

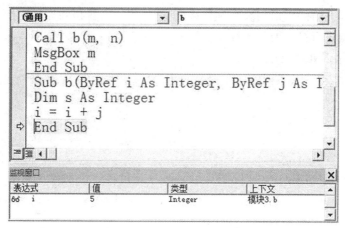

图 7.34　单步执行程序时"监视窗口"内的变化 2

注意：在中断模式下，先在程序代码区选定某个变量或表达式，然后单击"快速监视"工具按钮，则可打开"快速监视"对话框，从中可以快速观察到该变量或表达式的当前值，从而达到快速监视的效果，如图 7.35 和图 7.36 所示。

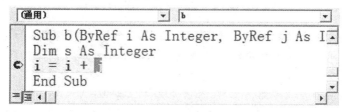

图 7.35　"中断"执行到某行程序

图 7.36　"快速监视"对话框

7.8.3　On Error GoTo 语句

除了上面的方法外，VBA 中还提供 On Error GoTo 语句来控制当有错误发生时程序的处理。

On Error GoTo 指令的一般语法有以下三种：

① On Error GoTo 标号

② On Error Resume Next

③ On Error GoTo 0

"On Error GoTo 标号"语句在遇到错误发生时,程序会转移到标号所指的代码位置执行。一般标号之后都是进行错误处理的程序。

【例 7.20】 错误处理应用。

```
On Error GoTo Myerr    '发生错误,跳转至 Myerr 位置
...
Myerr:                 '标号 Myerr 位置
Call ErrorProc         '调用错误处理过程 ErrorProc
...
```

分析:在此例中,On Error GoTo 指令会使程序流程转移到 Myerr 标号位置。

"On Error Resume Next"语句在遇到错误发生时不会考虑错误,而会继续执行下一条语句。

"On Error GoTo 0"语句用于关闭错误处理。

如果没有用 On Error GoTo 语句捕捉错误,或者用 On Error GoTo 0 关闭了错误处理,则在错误发生后会弹出一个对话框,显示出相应的出错信息。

本章小结

在 Access 中,编程是通过模块对象实现的。利用模块可以将各种数据库对象连接起来,从而使其构成一个完整的系统。它的功能比宏更强大,设计也更为灵活。

模块是本书的一个重点和难点章节,读者应着重掌握 VBA 程序设计的基础,主要包括变量的使用、过程、过程的调用、条件语句、循环语句、数组等。最近几年,模块的内容在二级考试中出现的频率越来越高,所以读者对本章的学习要格外重视。

真题演练

一、选择题

(1) 下列变量名中,合法的是(　　)。(2010 年 9 月)
A. 4A　　　　　　B. A−1　　　　　　C. ABC_1　　　　　　D. private
【答案】C
【解析】根据变量名命名规则,变量名由英文字母开头,且不能用 VBA 的关键字,也不允许出现空格、"−"等符号,故答案应为 C。

(2) 下列数组声明语句中,正确的是(　　)。(2009 年 9 月)
A. Dim A[3,4] As Integer　　　　　　B. Dim A(3,4) As Integer
C. Dim A[3;4] As Integer　　　　　　D. Dim A(3;4) As Integer
【答案】B
【解析】在 VBA 中数组声明的格式为:Dim 数组名(维数定义)As 类型,声明数组用圆括号,如果定义多维数组时,维数之间用逗号分隔。

(3) 使用 Function 语句定义一个函数过程,其返回值的类型( )。(2007 年 9 月)
A. 只能是符号常量
B. 是除数组之外的简单数据类型
C. 可在调用时由运行过程决定
D. 由函数定义时 As 子句声明

【答案】D

【解析】在函数过程名末尾用一个类型声明字符或使用 As 子句来声明被这个函数过程返回的变量数据类型。

(4) 在窗体中有一个标签 Lb1 和一个命令按钮 Command1,事件代码如下:

```
Option Compare Database
Dim a As String * 10
Private Sub Command1_Click()
    a = "1234"
    b = Len(A.
    Me.Lb1.Caption = b
End Sub
```

打开窗体后单击命令按钮,窗体中显示的内容是( )。(2007 年 9 月)
A. 4   B. 5   C. 10   D. 40

【答案】C

【解析】该段代码的执行过程为:先定义一个定长的字符串变量 a,其长度为 10,当单击命令按钮后,给 a 赋值为"1234",b 赋值为 a 的长度。将标签的标题置为 b,由于 a 是一个定长的字符串,对于定长字符串变量来说,当字符串长度超过所定义长度时,所超过的部分将被截去,当字符串长度小于所定义的长度,自动在后面补空格,因此 b 值应为 10,所以窗体中显示的内容为 10。

(5) 下列表达式中,能正确表示条件"x 和 y 都是奇数"的是( )。(2011 年 3 月)
A. x Mod 2＝0 And y Mod 2＝0   B. x Mod 2＝0 Or y Mod 2＝0
C. x Mod 2＝1 And y Mod 2＝1   D. x Mod 2＝1 Or y Mod 2＝1

【答案】C

【解析】Mod 取余函数,奇数 Mod 2＝1,偶数 Mod 2＝0。要证明 x、y 都是奇数,应用 And (与)操作符。

(6) 运行下列程序段,结果是( )。(2011 年 3 月)

```
For m = 10 to 1 step 0
k = k + 3
Next m
```

A. 形成死循环   B. 循环体不执行即结束循环
C. 出现语法错误   D. 循环体执行一次后结束循环

【答案】B

【解析】For 是循环语句,当 step＞＝0 时,to 前面的数字要小于后面的数字,否则将不执行。本题中 to 前的数字是 10,大于后面的数字 1,则不执行此循环体,直接跳过。

(7) 运行下列程序,结果是( )。(2011 年 3 月)

```
Private Sub Command32_Click( )
    f0 = 1:f1 = 1:k = 1
    Do While k<= 5
        f = f0 + f1
        f0 = f1
        f1 = f
        k = k + 1
    Loop
    MsgBox "f = "&f
End Sub
```

A. f=5 B. f=7
C. f=8 D. f=13

【答案】D

【解析】Do While…Loop 循环结构是当条件为假时,重复执行循环体,直至条件表达式为真,结束循环。

每次循环对应的 k 值如下。

循环次数	f 的值	f0 的值	f1 的值
0(初始值)	0	1	1
1	2	1	2
2	3	2	3
3	5	3	5
4	8	5	8
5	13	8	13

(8) 在窗体上有一个命令按钮 Command1,编写事件代码如下。

```
Private Sub Command1_Click()
    Dim y As Integer
    y = 0
    Do
        y = InputBox("y = ")
        If (y Mod 10) + Int(y / 10) = 10 Then Debug.Print y
    Loop Until y = 0
End Sub
```

打开窗体运行后,单击命令按钮,依次输入 10、37、50、55、64、20、28、19、-19、0,立即窗口中输出的结果是(　　)。(2010 年 3 月)

A. 37 55 64 28 19 19
B. 10 50 20
C. 10 50 20 0
D. 37 55 64 28 19

【答案】D

【解析】本题接收从键盘输入的 Y 值,直到输入的值为 0 为止。对于输入的 Y 值,将 Y 除

10 的模与 Y 除 10 的商相加,和为 10 的打印输出,也即 Y 值的个位数与十位数的和为 10 的值输出。因此本题符合条件的值为 D.。

(9) 在 VBA 中要打开名为"学生信息录入"的窗体,应使用的语句是( )。(2009 年 3 月)

  A. DoCmd. OpenForm "学生信息录入"   B. OpenForm "学生信息录入"
  C. DoCmd. OpenWindows "学生信息录入"   D. OpenWindows "学生信息录入"

【答案】A

【解析】一个程序中往往包含多个窗体,可以用代码的形式打开这些窗体,从而形成完整的程序结构,命令格式如下:DoCmd. OpenForm Formname。Formname 是字符串表达式,代表窗体的有效名称。

(10) 若窗体 Frm1 中有一个命令按钮 Cmd1,则窗体和命令按钮的 Click 事件过程名分别为( )。(2011 年 3 月)

  A. Form_Click() Command1_Click()   B. Frm1_Click() CommaNd1_Click()
  C. Form_Click() Cmd1_Click()   D. Frm1_Click() Cmd1_Click()

【答案】C

【解析】窗体的 Click 事件过程名为 Form Click(),不与窗体名关联,而命令按钮 Click 则与命令按钮名称关联,本题中命令按钮名为 Cmd1,则 Click 事件过程名为 Cmd1 Click()。

(11) 在已建窗体中有一命令按钮(名为 Command1),该按钮的单击事件对应的 VBA 代码为:

```
Private Sub Command1_Click()
    SubT. Form. RecordSource = "select * from 雇员"
End Sub
```

单击该按钮实现的功能是( )。(2010 年 3 月)

  A. 使用 select 命令查找"雇员"表中的所有记录
  B. 使用 select 命令查找并显示"雇员"表中的所有记录
  C. 将 subT 窗体的数据来源设置为一个字符串
  D. 将 subT 窗体的数据来源设置为"雇员"表

【答案】D

【解析】本题主要考查窗体的 RecordSource 属性,该属性用来指明该窗体的数据源。本题的数据源是一个数据表,因此本题选 D.。

二、填空题

(1) 在 VBA 中求字符串的长度可以使用函数 _____ 。(2009 年 9 月)

【答案】Len

【解析】字符串长度检测函数 Len(<字符串表达式>或<变量名>)返回字符串所含字符数。

(2) 函数 Right("计算机等级考试",4)的执行结果是_____ 。(2006 年 4 月)

【答案】等级考试

【解析】Right 函数表示从字符串右起取所指定的字符数,本题为从右取 4 个字符,为"等级考试"。

巩 固 练 习

(1)下列给出的选项中,非法的变量名是(　　)。
　　A. Sum　　　　　　B. Integer_2　　　　　C. Rem　　　　　　D. Form1

(2)如果在被调用的过程中改变了形参变量的值,但又不影响实参变量本身,这种参数传递方式称为(　　)。
　　A. 按值传递　　　　B. 按地址传递　　　　C. ByRef 传递　　　D. 按形参传递

(3)表达式"B＝INT(A＋0.5)"的功能是(　　)。
　　A. 将变量 A 保留小数点后 1 位
　　B. 将变量 A 四舍五入取整
　　C. 将变量 A 保留小数点后 5 位
　　D. 舍去变量 A 的小数部分

(4)下列四个选项中,不是 VBA 条件函数的是(　　)。
　　A. Choose　　　　　B. If　　　　　　　　C. IIf　　　　　　　D. Switch

(5)VBA 语句"Dim NewArray(10) as Integer"的含义是(　　)。
　　A. 定义 10 个整型数构成的数组 NewArray
　　B. 定义 11 个整型数构成的数组 NewArray
　　C. 定义 1 个值为整型数的变量 NewArray(10)
　　D. 定义 1 个值为 10 的变量 NewArray

(6)在 VBA 中,下列关于过程的描述中正确的是(　　)。
　　A. 过程的定义可以嵌套,但过程的调用不能嵌套
　　B. 过程的定义不可以嵌套,但过程的调用可以嵌套
　　C. 过程的定义和过程的调用均可以嵌套
　　D. 过程的定义和过程的调用均不能嵌套

(7)由"For i＝1 To 9 Step －3"决定的循环结构,其循环体将被执行(　　)。
　　A. 0 次　　　　　　B. 1 次　　　　　　　C. 4 次　　　　　　D. 5 次

(8)下列程序段中,能够交换变量 X 和 Y 值的程序段是(　　)。
　　A. Y＝X:X＝Y　　　　　　　　　　　　　B. Z＝X:Y＝Z:X＝Y
　　C. Z＝X:X＝Y:Y＝Z　　　　　　　　　　D. Z＝X:W＝Y:Y＝Z:X＝Y

(9)可以用 InputBox 函数产生"输入对话框"。执行语句:
　　st = InputBox("请输入字符串","字符串对话框","aaaa")
当用户输入字符串"bbbb",按 OK 按钮后,变量 st 的内容是(　　)。
　　A. aaaa　　　　　　　　　　　　　　　　B. 请输入字符串
　　C. 字符串对话框　　　　　　　　　　　　D. bbbb

(10)用对象来表示"一只白色的足球被踢进球门",那么"白色"、"足球"、"踢"、"进球门"分别对应的是(　　)。
　　A. 属性、对象、方法、事件　　　　　　　B. 属性、对象、事件、方法
　　C. 对象、属性、方法、事件　　　　　　　D. 对象、属性、事件、方法

(11)有下列命令控件 test 的单击事件过程：
```
Private Sub test_click()
    Dim I,R
    R = 0
    For I = 1 To 5 Step 1
        R = R + I
    Next I
    bResult.Caption = Str(R)
End Sub
```
当运行窗体,单击命令按钮时,在名为 bResult 的窗体标签内将显示的是(　　)。
A. 字符串 15　　　　B. 字符串 5　　　　C. 整数 15　　　　D. 整数 5

(12)下列循环语句中循环体的执行次数为(　　)。
```
i = 8
Do While i<= 17
    i = i + 2
Loop
```
A. 3 次　　　　B. 4 次　　　　C. 5 次　　　　D. 6 次

(13)有如下事件程序,运行该程序后输出结果是(　　)。
```
Private Sub Command33_Click()
    Dim x As Integer,y As Integer
    x = 1:y = 0
    Do Until y<= 25
        y = y + x * x
        x = x + 1
    Loop
    MsgBox "x = "&x&",y = "&y
End Sub()。
```
A. x＝1,y＝0　　　　　　　　　　B. x＝4,y＝25
C. x＝5,y＝30　　　　　　　　　　D. 输出其他结果

(14)在窗体上有一个命令按钮 Command1 和一个文本框 Text1,事件代码如下：
```
Private Sub Command1_Click()
    Dim i,j,x
    For i = 1 To 20 step 2
    x = 0
    For j = 1 To 20 step 3
        x = x + 1
    Next j
    Next i
    Text1.Value = Str(x)
End Sub
```
打开窗体运行后,单击命令按钮,文本框中显示的结果是(　　)。
A. 1　　　　B. 7　　　　C. 17　　　　D. 400

第 8 章 VBA 数据库编程

前面介绍了 Access 的模块编程基础,要开发应用程序,还需要学习和掌握 VBA 的一些实用编程技术,主要是数据库编程技术。

8.1 概 述

8.1.1 数据库引擎及体系结构

VBA 一般是通过数据库引擎工具来支持对数据库的访问。所谓数据库引擎实际上是一组动态链接库(DLL),当程序运行时被连接到 VBA 程序而实现对数据库的数据进行访问的功能。数据库引擎是应用程序与物理数据之间的桥梁,它以一种通用接口的方式,使各种类型的物理数据库对用户而言都具有统一的形式和相同的数据访问与处理方法。

在 Access 2007 之前,Access 使用 Microsoft 连接性引擎技术(JET)引擎。尽管 JET 通常被视为 Access 的一部分,但是 JET 引擎却被用作一个单独的产品。自从 Microsoft Windows 2000 发布之后,JET 已成为 Windows 操作系统的一部分,然后通过 Microsoft 数据访问组件(MDAC)分发或更新。但在 Access 2007 版本之后,JET 引擎已被弃用并不再通过 MDAC 进行分发。现在,Access 改为使用集成和改进的 ACE 引擎。

ACE 引擎与以前版本的 JET 引擎完全向后兼容,以便从早期 Access 版本读取和写入(.mdb)文件,而且具有更快的速度、更强的可靠性和更丰富的功能。对于 Access 2010 版本,除了其他改进,ACE 引擎还进行了升级,可以支持 64 位的版本,并从整体上增强与 SharePoint 相关技术和 Web 服务的集成。

图 8.1 所示 Access UI 和 ACE 引擎如何组成完整的数据库管理系统(DBMS)。

图 8.1 Access 2010 数据库引擎的体系结构

其中,Access UI(用户界面)决定着用户界面和用户通过窗体、报表、查询、宏、向导等查看、编辑和使用数据的所有方式。

Microsoft Access 引擎(ACE 引擎)提供诸如以下的核心数据库管理服务。

① 数据存储:将数据存储在文件系统中。
② 数据定义:创建、编辑或删除用于存储诸如表和字段等数据的结构。
③ 数据完整性:强制防止数据损坏的关系规则。
④ 数据操作:添加、编辑、删除或排序现有数据。
⑤ 数据检索:使用 SQL 从系统检索数据。
⑥ 数据加密:保护数据以免遭受未经授权的使用。
⑦ 数据共享:在多用户网络环境中共享数据。
⑧ 数据发布:在客户端或服务器 Web 环境中工作。
⑨ 数据导入、导出和链接:处理来自不同源的数据。

从数据访问的角度来讲,可以将 Access 视为以图形方式将 ACE 引擎公开给用户的方式。

8.1.2 数据访问技术

Microsoft 提供多种方式使用 Access 数据库。以下数据访问 API 和数据访问层均用于 Access 编程。

① 数据访问对象 (Data Access Object,DAO)
② 对象链接和嵌入数据库 (Object Linking and Embedding Database,OLE DB)
③ ADO.NET
④ ActiveX 数据对象 (Activex Data Object,ADO)
⑤ 开放式数据库连接 (Open Database Comnectivity,ODBC)

ACE 引擎实现以上所提及的三种技术的提供程序:DAO、OLE DB 和 ODBC。ACE DAO 提供程序、ACE OLE DB 提供程序和 ACE ODBC 提供程序通过 Access 产品(不包括 ADO,其仍为 Microsoft Windows DAC 的一部分)分发。许多其他数据访问编程接口、提供程序和系统级别的框架(包括 ADO 和 ADO.NET)均构建于这三个 ACE 提供程序之上。

8.2 VBA 数据库编程技术

8.2.1 数据库访问对象(DAO)

数据库访问对象(DAO)是 VBA 提供的一种数据访问接口,包括数据库创建、表和查询的定义等工具,借助 VBA 代码可以灵活地控制数据访问的各种操作。

1. DAO 模型结构

DAO 数据模型采用的是层次结构,如图 8.2 所示,它包含了一个复杂的可编程数据关联对象的层次。

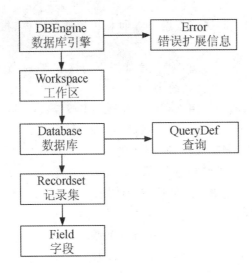

图 8.2 DAO 对象模型

其中，DBEngine（数据库引擎）是最高层次的对象，它包含 Error 和 Workspace 两个对象集合。当程序引用 DAO 对象时，只产生一个 DBEngine 对象，同时自动生成一个默认 Workspace（工作区对象）。DAO 对象层次说明如表 8.1 所示。

表 8.1 DAO 对象层次说明

对象层次	说明
DBEngine 数据库引擎	Microsoft jet 数据库引擎
Workspace 工作区	表示工作区
Database 数据库	表示操作的数据库对象
Recordset 记录集	表示数据操作返回的记录集
Error 错误扩展信息	表示数据提供程序出错时的扩展信息
QueryDef 查询	表示数据库查询信息
Field 字段	表示记录集中的字段数据信息

2. 使用 DAO 访问数据库

通过 DAO 编程实现数据库访问的一般语句和步骤如下。

```
Dim ws As Workspace   '定义对象变量
Dim db As Database
Dim rs As Recordset' 通过 Set 语句设置各个对象变量的值
Set ws = DBEngine.Workspace(0)   '打开默认工作区
Set db = ws.OpenDatabase(＜数据库文件名＞)   '打开数据库文件
Set rs = db.OpenRecordSet(＜表名、查询名或 SQL 语句＞)   '打开数据库记录
Do While Not rs.EOF   '利用循环结构遍历整个记录集直至末尾
    ……'安排字段数据的各类操作
    rs.MoveNext   '记录指针移至下一条
Loop
rs.close   '关闭记录集
```

```
db.close    '关闭数据库
Set rs = Nothing    '回收记录集对象变量的内存占有
Set db = Nothing    '回收数据库对象变量的内存占有
```

8.2.2 Activex 数据对象(ADO)

1. ADO 的概念及特点

ADO(ActiveX Data Object)即 ActiveX 数据访问对象,是 Microsoft 公司在 OLE-DB 之上提出的一种逻辑接口,以便编程者通过 OLE-DB 更简单地以编程方式访问各种各样的数据源。OLE-DB 是以 ActiveX 技术为基础的数据访问技术,其目的是提供一种能够访问多种数据源的通用数据访问技术。

ADO 的特点主要包括:

① ADO 将访问数据源的过程抽象成几个容易理解的具体操作,并由实际的对象来完成,因而使用起来简单方便。

② 由于采用了 ActiveX 技术,与具体的编程语言无关,所以可应用在 Visual Basic、C++、Java 等各种程序设计语言中。

③ ADO 能够访问各种支持 OLE-DB 的数据源,包括数据库和其他文件、电子邮件等数据源。

④ ADO 既可以应用于网络环境,也可以应用于桌面应用程序。

2. 使用 ADO 访问数据库

通过 ADO 编程实现数据库访问时,首先要创建对象变量,然后通过对象方法和属性来进行操作。ADO 访问数据源的具体过程如下:

① 建立与数据源的连接。
② 指定访问数据源的命令,并向数据源发出命令。
③ 从数据源以行的形式获取数据,并将数据暂存在内存的缓存中。
④ 如果需要可对获取的数据进行查询、更新、插入、删除等操作。
⑤ 如果对数据源进行了修改,将更新后的数据发回数据源。
⑥ 断开与数据源的连接。

3. ADO 对象模型

ActiveX 数据对象(ADO)是基于组件的数据库编程接口,它是一个和编程语言无关的 COM 组件系统,可以对来自多种数据提供者的数据进行读取和写入操作,它提供了一系列对象供使用,并且没有对象的分级结构。ADO 对象模型采用分层结构,模型如图 8.3 所示。

(1) Connection 对象

主要负责与数据库实际的连接动作,代表与数据源的唯一会话。

(2) Command 对象

负责对数据库提供请求,传递指定的 SQL 命令。使用该对象可以查询数据库并返回 RecordSet 对象中的记录,以

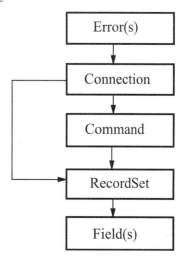

图 8.3 ADO 对象模型

便执行大量操作或修改数据库结构。

(3) RecordSet 对象

最常用的 ADO 对象。RecordSet 对象表示数据的获取、结果的检验及数据库的更新。可以依照查询条件获取或显示所要的数据列与记录。RecordSet 对象会保留每项查询返回的记录所在的位置,以便逐项查看结果。

(4) Field 对象

Field 对象用来访问当前记录中的每一列的数据,可以用 Field 对象创建一个新记录、修改已存在的数据等,也可以用 Field 对象来访问表中每一个字段的属性。

(5) Error 对象

包含了有关数据访问错误的详细信息,这些错误与操作者的单个操作有关。在数据库应用程序设计中通过 Error 对象可以很方便地捕获错误并对错误进行处理。

4. 主要 ADO 对象的操作

在实际编程过程中,使用 ADO 存取数据的主要对象操作有以下几种。

(1) 连接数据源

创建数据库的连接,主要使用 Connection 对象的 Open 方法。

语法格式:

```
Dim mycnn As new ADODB.Connection    '创建 Connection 对象实例
mycnn.Open [ ConnectionString ][ ,UserID ][ ,PassWord ][ ,OpenOptions ]   '打开连接
```

参数说明如下。

- ConnectionString:可选项,主要为数据库的连接信息。最重要的是显示 OLE-DB 等环节数据提供者的信息。不同类型的数据源连接需要用规定的数据提供者。

可以在连接对象操作 Open 之前在其 Provider 属性中设置数据提供者信息。如 mycnn 连接对象的数据提供者可以设置为。

```
mgcnn.Provider = "Microsoft.ACE.OLEDB.12.0"
```

- UserID:建立连接的用户名,可选项。
- PassWord:建立连接的用户密码,可选项。
- OpenOptions:可选项,可以通过设置 adConnectAsync 属性实现异步打开连接。

在使用 Connection 对象打开连接之前,通常还需要使用 CursorLocation 属性来设置记录集游标的位置,其语法格式为:

```
mycnn.CursorLocation = Location
```

Location 指明了记录集存放的位置。具体参数取值如表 8.2 所示。

表 8.2 Location 参数取值

常量	值	说明
adUseServer	2	数据提供者或驱动程序提供的服务器端游标
adUseClient	3	本地游标库提供的客户端游标

(2) 打开记录集对象或执行查询

记录集是一个从数据库取回的查询结果集,执行查询则是对数据库目标表直接实施追加、

更新和删除记录操作。一般有三种实现方法：记录集的 Open 方法、Connection 对象的 Execute 方法、Command 对象的 Execute 方法。

① 记录集的 Open 方法，语法格式如下。

```
Dim myrs As new ADODB.RecordSet    '创建 RecordSet 对象实例
'打开记录集
myrs.Open [Source][,ActiveConnection][,CursorType][,LockType][,Options]
```

② Connection 对象的 Execute 方法，语法格式如下。

```
Dim mycnn As new ADODB.Connection    '创建 Connection 对象实例
…    '打开连接等
Dim rs As new ADODB.RecordSet    '创建 RecordSet 对象实例
'对于返回记录集的命令字符串
Set rs = mycnn.Execute(CommandText[,RecordsAffected][,Options])
'对于不返回记录集的命令字符串，执行查询
mycnn.Execute CommandText[,RecordsAffected][,Options]
```

③ Command 对象的 Execute 方法，语法格式如下。

```
Dim mycnn As new ADODB.Connection
Dim mycmm As new ADODB.Command
…
Dim rs As new ADODB.RecordSet
Set rs = mycmm.Execute([RecordsAffected][,Parameters][,Options])
mycmm.Execute [RecordsAffected][,Parameters][,Options]
```

(3) 使用记录集

得到记录集后，可以在此基础上进行记录指针定位、记录的检索、追加、更新和删除等操作。

① 定位记录。在 ADO 对象中，Access 提供了多种定位和移动记录指针的方法，主要包括 Move、MoveFirst、MoveLast、MoveNext 和 MovePrevious 等方法。

语法格式如下。

```
myrs.Move NumRecords [,Start]    'myrs 为 RecordSet 对象
```

参数说明如下。

- NumRecords：表示指定当前记录位置移动的记录数。
- Start：为可选项，取 String 值或 Variant，主要用于计算书签。

```
myrs.{MoveFirst|MoveLast|MoveNext|MovePrevious}    'myrs 为 RecordSet 对象
```

参数说明：

- MoveFirst：表示将当前记录位置移动到第一条记录。
- MoveLast：表示将当前记录位置移动到最后一条记录。
- MoveNext：表示将当前记录位置移动到下一条记录。
- MovePrevious：表示将当前记录位置移动到上一条记录。

② 检索记录。借助 ADO 对象检索记录时，可以使用 ADO 对象提供的 Find 和 Seek 两种方法。

语法格式如下。

```
myrs.Find Criteria[,SkipRows][,SearchDirection][,Start]
myrs.Seek KeyValues,SeekOption
```

参数说明如下。
- Criteria：为 String 值，一般为搜索的列名、值或者比较操作符等语句。在使用 Criteria 时，只能指定单列名称，不能多列搜索。
- SkipRows：为可选项，默认值为 0，使用时从指定当前行或书签的行偏移量处开始搜索。
- SearchDirection：为可选项。在使用时，可以指定搜索从当前行开始，还是从搜索方向的下一有效行开始。

③ 添加新记录。添加新记录时，一般使用 ADO 对象的 AddNew 方法。
语法格式如下。

```
rs.AddNew[fieldList][,Values]
```

参数说明如下。
- FieldList：为可选项，可以是一个字段数组，也可以是一个字段名。
- Values：为可选项，主要为需要添加信息的字段赋值。

④ 更新记录。更新记录与记录重新赋值区别不大，使用 SQL 语句将要修改的记录字段数据找出来并重新赋值即可。

⑤ 删除记录。采用 Delete 方法，相比 ADO 对象而言可以删掉一组记录。

语法格式为 rs.Delete[AffectRecords]

参数说明如下。
- AffectRecords：负责记录删除的效果。通常的取值如表 8.3 所示。

表 8.3 AffectRecords 参数取值

常量	值	说明
adAffectCurrent	1	表示删除当前的记录
adAffectGroup	2	删除符合特定条件的记录

在对记录进行操作时，通常访问 Recordset 对象中的字段，可以使用字段编号，一般字段编号是从 0 开始。

(4) 关闭连接或记录集

在应用程序结束之前，应该关闭并释放分配给 ADO 对象的资源，以分配给其他应用程序。

使用方法为 Close。

语法格式如下。

```
Object.Close    'Object 为 ADO 对象
Set Object = Nothing
```

8.2.3 特殊域聚合函数

下面介绍以下数据库访问和处理时使用的几个特殊域聚合函数。

(1) Nz 函数

Nz 函数用于将 Null 值转换为 0、空字符串或者其他的指定值。

调用格式为：

Nz(表达式或字段属性值[,规定值])

（2）DCount 函数、DAvg 函数和 DSum 函数

DCount 函数用于返回指定记录集中的记录数，DAvg 函数用于返回指定记录集中某个字段列数据的平均值，DSum 函数用于返回指定记录集中某个字段列数据的和。它们均可以直接在 VBA、宏：查询表达式或计算控件中使用。

调用格式为：

DCount（表达式,记录集[,条件式]）
DAvg（表达式,记录集[,条件式]）
DSum（表达式,记录集[,条件式]）

（3）DMax 函数和 DMin 函数

DMax 函数用于返回指定记录集中某个字段列数据的最大值，DMin 函数用于返回指定记录集中某个字段列数据的最小值。它们均可以直接在 VBA、宏：查询表达式或计算控件中使用。

调用格式为：

DMax（表达式,记录集[,条件式]）
DMin（表达式,记录集[,条件式]）

（4）DLookup 函数

DLookup 函数是从指定记录集里检索特定字段的值。

调用格式为：

DLookup（表达式,记录集[,条件式]）

【例 8.1】 根据窗体上文本框（text1）中输入的"学号"，将"学生信息"表中的"姓名"显示在另一个文本框（text2）中。

语句格式如下。

Me! text2 = DLookup("姓名","学生信息", "学号 = ' "& Me! text1 & " ' ")

8.2.4 Docmd 对象的 RunSQL 方法

RunSQL 方法用来执行 Access 的查询操作，完成对 Access 中表对象记录的操作。还可以运行数据定义语句实现表和索引的定义操作。在使用时不需从 ADO 或者 DAO 中定义任何对象，使用起来非常方便。

调用格式为：

DoCmd. RunSQL(SQLStatement [,UseTransaction])

在使用 RunSQL 方法时，参数 SQLStatement 代表字符串表达式，一般使用有效的操作查询或数据定义查询的 SQL 语句。例如，Select、Create Table、Insert into、Delete 等 SQL 语句。参数 UseTransaction 为可选项，系统默认值为 True，表示可以包含该查询事务处理，当参数为 False 时，表示不使用事务处理。

本章小结

本章主要学习了 VBA 数据库编程的基本概念以及数据库连接、访问的创建方法。

在 VBA 数据库编辑中,通过 ADO 对象,用户可以方便、快捷地完成数据库常见操作,如数据库创建、表和查询的定义等。

读者应重点掌握数据库 ADO 常见对象及数据库连接、访问方法,在二级考试中这部分内容出题概率较高。

真题演练

现有用户登录界面如下:(2008 年 9 月)

窗体中用户名为 username1()的文本框用于输入用户名,密码为 pass()的文本框用于输入用户的密码。用户输入用户名和密码后,单击"登录"名为 login()的按钮,系统查找名为"密码表"的数据表,如果密码表中有指定的用户名且密码正确,则系统根据用户的"权限"分别进入"管理员窗体"和"用户窗体";如果用户名或密码输入错误,则给出相应的提示信息。

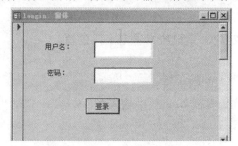

密码表中的字段均为文本类型,数据如下表所示:

用户名	密码	权限
Chen	1234	
Zhang	5678	管理员
Wang	1234	

单击"登录"按钮后相关的事件代码如下,请补充完整。

```
Private Sub login_Click()
    Dim str As String
    Dim rs As New ADODB.Recordset
    Dim fd As ADODB.Field
    Set cn = CurrentProject.Connection
    logname = Trim(Me! uscrname)
    pass = Trim(Me! pass)
    If Len(Nz(logname)) = 0 Then
```

```
            MsgBox "请输入用户名"
        ElseIf Len(Nz(pass)) = 0 Then
            MsgBox "请输入密码"
        Else
            str = "select * from 密码表 where 用户名 = '" & logname &
            "' and 密码 = '" & pass & "'"
            rs.Open str, cn, adOpenDynamic, adLockOptimistic, adCmdText
            If _____ Then
                MsgBox "没有这个用户名或密码输入错误,请重新输入"
                Me.username = ""
                Mc.pass = ""
            Else
                Set _____ = rs.Fields("权限")
                If fd = "管理员" Then
                    DoCmd.Close
                    DoCmd.OpenForm "管理员窗体"
                    MsgBox "欢迎您,管理员"
                Else
                    DoCmd.Close
                    DoCmd.OpenForm "用户窗体"
                    MsgBox "欢迎使用会员管理系统"
                End If
            End If
        End If
End Sub
```

【答案】rs.EOF fd

【解析】如果数据库找到最后一行,还是没有记录,就代表没有这个用户,没有记录表示为 rs.EOF。由下面的判断条件 If fd＝"管理员"可知,fd 记录的是权限,因此将 rs.Fields("权限")的权限值赋值给 fd。

巩 固 练 习

(1) ADO 对象模型有 5 个主要对象,它们是 Connection、RecordSet、Field、Error 和( )。

A. Database B. Workspace
C. Command D. DBEngine

(2) ODBC 的含义是( )。

A. 开放式数据库连接 B. 数据库访问对象
C. 对象链接嵌入数据库 D. ActiveX 数据对象

(3) 能够实现从指定记录集里检索特定字段值的函数是( )。

A. Nz B. Find C. Lookup D. DLookup

(4) 下列程序的功能是返回当前窗体的记录集

```
Sub GetRecNum()
    Dim rs As Object
    Set rs =【      】
    MsgBox rs.RecordCount
End Sub
```

为保证程序输出记录集(窗体记录源)的记录数,【   】中应填入的语句是(   )。

A. Me.Recordset
B. Me.RecordLocks
C. Me.RecordSource
D. Me.RecordSelectors

(5) 子过程 Plus 完成对当前库中"教师表"的工龄字段都加 1 的操作。

```
Sub Plus()
    Dim ws As DAO.Workspace
    Dim db As DAO.Database
    Dim rs As DAO.Recordset
    Dim fd As DAO.Field
    Set db = CurrentDb()
    Set rs = db.OpenRecordset("教师表")
    Set fd = rs.Fields("工龄")
    Do While Not rs.EOF
        rs.Edit
        【      】
        rs.Update
        rs.MoveNext
    Loop
    rs.Close
    db.Close
    Set rs = Nothing
    Set db = Nothing
End Sub
```

程序空白处应该填写的语句是(   )。

A. fd=fd+1
B. rs=rs+1
C. 工龄=工龄+1
D. rs.fd=rs.fd+1

附录 A 常用函数

类型	函数名	函数格式	说明
算术函数	绝对值	Abs(<数值表达式>)	返回数值表达式值的绝对值
	取整	Int(<数值表达式>)	返回数值表达式值的整数部分值,参数为负值时返回小于等于参数值的第一个负数
		Fix(<数值表达式>)	返回数值表达式值的整数部分值,参数为负值时返回大于等于参数值的第一个负数
		Round(<数值表达式>[,<表达式>])	按照指定的小数位数进行四舍五入运算的结果。[<表达式>]是进行四舍五入运算小数点右边应保留的位数
	平方根	Sqr(<数值表达式>)	返回数值表达式值的平方根值
	符号	Sgn(<数值表达式>)	返回数值表达式值的符号值。当数值表达式值大于0,返回值为1;当数值表达式值等于0,返回值为0;当数值表达式值小于0,返回值为-1
	随机数	Rnd(<数值表达式>)	产生一个0到1之间的随机数,为单精度类型。如果数值表达式值小于0,每次产生相同的随机数;如果数值表达式大于0,每次产生新的随机数;如果数值表达式等于0,产生最近生成的随机数,且生成的随机数序列相同;如果省略数值表达式参数,则默认参数值大于0
	正弦函数	Sin(<数值表达式>)	返回数值表达式的正弦值
	余弦函数	Cos(<数值表达式>)	返回数值表达式的余弦值
	正切函数	Tan(<数值表达式>)	返回数值表达式的正切值
	自然指数	Exp(<数值表达式>)	计算 e 的 N 次方,返回一个双精度数
	自然对数	Log(<数值表达式>)	计算以 e 为底的数值表达式的值的对数

续表

类型	函数名	函数格式	说明
文本函数	生成空格字符	Space(<数值表达式>)	返回由数值表达式的值确定的空格个数组成的空字符串
	字符重复	String(<数值表达式>,<字符表达式>)	返回一个由字符表达式的第一个字符重复组成的指定长度为数值表达式值的字符串
	字符串截取	Left(<字符表达式>,<数值表达式>)	返回一个值,该值是从字符表达式左侧第一个字符开始,截取的若干个字符。其中,字符个数是数值表达式的值。当字符表达式是 Null 时,返回 Null 值;当数值表达式值为 0 时,返回一个空串;当数值表达式值大于或等于字符表达式的字符个数时,返回字符表达式
		Right(<字符表达式>,<数值表达式>)	返回一个值,该值是从字符表达式右侧第一个字符开始,截取的若干个字符。其中,字符个数是数值表达式的值。当字符表达式是 Null 时,返回 Null 值;当数值表达式值为 0 时,返回一个空串;当数值表达式值大于或等于字符表达式的字符个数时,返回字符表达式
		Mid(<字符表达式>,<数值表达式 1>[,<数值表达式 2>])	返回一个值,该值是从字符表达式最左端某个字符开始,截取到某个字符为止的若干个字符。其中,数值表达式 1 的值是开始的字符位置,数值表达式 2 是终止的字符位置。数值表达式 2 可以省略,若省略了数值表达式 2,则返回的值是:从字符表达式最左端某个字符开始,截取到最后一个字符为止的若干个字符
	字符串长度	Len(<字符表达式>)	返回字符表达式的字符个数,当字符表达式是 Null 值时,返回 Null 值
	删除空格	Ltrim(<字符表达式>)	返回去掉字符表达式开始空格的字符串
		Rtrim(<字符表达式>)	返回去掉字符表达式尾部空格的字符串
		Trim(<字符表达式>)	返回去掉字符表达式开始和尾部空格的字符串
	字符串检索	Instr([<数值表达式>],<字符串>,<子字符串>[,<比较方法>])	返回一个值,该值是检索子字符串在字符串中最早出现的位置。其中,数值表达式为可选项,是检索的起始位置,若省略,从第一个字符开始检索。比较方法为可选项,指定字符串比较的方法。值可以为 1、2 或 0,值为 0(缺省)做二进制比较,值为 1 做不区分大小写的文本比较,值为 2 做基于数据库中包含信息的比较。若指定比较方法,则必须指定数据表达式值
	大小写转换	Ucase(<字符表达式>)	将字符表达式中小写字母转换成大写字母
		Lcase(<字符表达式>)	将字符表达式中大写字母转换成小写字母

续表

类型	函数名	函数格式	说明
日期/时间函数	截取日期分量	Day(<日期表达式>)	返回日期表达式日期的整数(1~31)
		Month(<日期表达式>)	返回日期表达式月份的整数(1~12)
		Year(<日期表达式>)	返回日期表达式年份的整数
		Weekday(<日期表达式>)	返回1~7的整数。表示星期几
	截取时间分量	Hour(<时间表达式>)	返回时间表达式的小时数(0~23)
		Minute(<时间表达式>)	返回时间表达式的分钟数(0~59)
		Second(<时间表达式>)	返回时间表达式的秒数(0~59)
	获取系统日期和系统时间	Date()	返回当前系统日期
		Time()	返回当前系统时间
		Now()	返回当前系统日期和时间
	时间间隔	DateAdd(<间隔类型>,<间隔值>,<表达式>)	对表达式表示的日期按照间隔类型加上或减去指定的时间间隔值
		DateDiff(<间隔类型>,<日期1>,<日期2>[,W1][,W2])	返回日期1和日期2之间按照间隔类型所指定的时间间隔数目
		DatePart(<间隔类型>,<日期>[,W1][,W2])	返回日期中按照间隔类型所指定的时间部分值
	返回包含指定年月日的日期	DateSerial(<表达式1>,<表达式2>,<表达式3>)	返回由表达式1值为年、表达式2值为月、表达式3值为日而组成的日期值
SQL聚合函数	总计	Sum(<字符表达式>)	返回字符表达式中值的总和。字符表达式可以是一个字段名,也可以是一个含字段名的表达式,但所含字段应该是数字数据类型的字段
	平均值	Avg(<字符表达式>)	返回字符表达式中值的平均值。字符表达式可以是一个字段名,也可以是一个含字段名的表达式,但所含字段应该是数字数据类型的字段
	计数	Count(<字符表达式>)	返回字符表达式中值的个数,即统计记录个数。字符表达式可以是一个字段名,也可以是一个含字段名的表达式,但所含字段应该是数字数据类型的字段
	最大值	Max(<字符表达式>)	返回字符表达式中值中的最大值。字符表达式可以是一个字段名,也可以是一个含字段名的表达式,但所含字段应该是数字数据类型的字段
	最小值	Min(<字符表达式>)	返回字符表达式中值中的最小值。字符表达式可以是一个字段名,也可以是一个含字段名的表达式,但所含字段应该是数字数据类型的字段

续表

类型	函数名	函数格式	说明
转换函数	字符串转换字符代码	Asc(＜字符表达式＞)	返回字符表达式首字符的 ASCII 值
	字符代码转换字符	Chr(＜字符代码＞)	返回与字符代码对应的字符
	空值处理函数	Nz(＜表达式＞[,规定值])	如果表达式为 Null，Nz 函数返回 0；对零长度的空串可以自定义一个返回值(规定值)
	数字转换成字符串	Str(＜数值表达式＞)	将数值表达式转换成字符串
	字符转换成数字	Val(＜字符代码＞)	将数值字符串转换成数值型数字
程序流程函数	选择	Choose(＜索引式＞,＜表达式 1＞[,＜表达式 2＞…[,＜表达式 n＞])	根据索引式的值来返回表达式列表中的某个值。索引式值为 1，返回表达式 1 的值，索引式值为 2，返回表达式 2 的值，以此类推。当索引式值小于 1 或大于列出的表达式数目时，返回无效值(Null)
	条件	IIf(条件表达式,表达式表达式 2)	根据条件表达式的值决定函数的返回值，当条件表达式值为真，函数返回值为表达式 1 的值，条件表达式值为假，函数返回值为表达式 2 的值
	开关	Switch(＜条件表达式 1＞,＜表达式 1＞[,＜条件表达式 2＞,＜表达式 2＞…[,＜条件表达式 n＞,＜表达式 n＞]])	计算每个条件表达式，并返回列表中第一个条件表达式为 True 时与其关联的表达式的值
消息函数	利用提示框输入	InputBox（提示[,标题][,默认])	在对话框中显示提示信息，等待用户输入正文并按下按钮，并返回文本框中输入的内容(String 型)
	提示框	MsgBox（提示[,按钮、图标和默认按钮][,标题])	在对话框中显示消息，等待用户单击按钮，并返回一个 Integer 型数值，告诉用户单击的是哪一个按钮

附录 B 窗体属性及其含义

类型	属性名称	属性标识	功能
格式属性	标题	Caption	标题属性值是窗体标题栏上显示的字符串
	默认视图	DefaultView	决定了窗体的显示形式,需在"连续窗体"、"单一窗体"、"数据表"三个选项中选取
	滚动条	ScrollBars	决定了窗体显示时是否具有窗体滚动条,该属性值有"两者均无"、"水平"、"垂直"和"水平和垂直"四个选项,可以选择其一
	允许"窗体"视图	AllowFormView	属性有两个值:"是"和"否",表明是否可以在"窗体"视图中查看指定的窗体
	记录选择器	RecordSelectors	属性有两个值:"是"和"否",它决定窗体显示时是否有记录选定器,即数据表最左端是否有标志块
	导航按钮	NavigationButtons	属性也有两个值:"是"和"否",它决定窗体运行时是否有浏览按钮,即数据表最下端是否有浏览按钮组。一般如果不需要浏览数据或在窗体本身用户自己设置了数据浏览时,该属性值应为"否",这样可以增加窗体的可读性
	分隔线	DividingLines	属性值需在"是"和"否"两个选项中选取,它决定窗体显示时是否显示窗体各节间的分隔线
	自动调整	AutoResize	属性有两个值:"是"和"否",表示在打开"窗体"窗口时,是否自动调整"窗体"窗口大小以显示整条记录
	自动居中	AutoCenter	属性值需在"是"和"否"两个选项中选取,它决定窗体显示时是否自动居于中间
	边框样式	BorderStyle	决定用于窗体的边框和边框元素(标题栏、"控制"菜单、"最小化"和"最大化"按钮或"关闭"按钮)的类型。一般情况下,对于常规窗体、弹出式窗体和自定义对话框需要使用不同的边框样式
	控制框	ControlBox	属性有两个值:"是"和"否",指定在"窗体"视图和"数据表"视图中窗体是否具有"控制"菜单
	最大最小化按钮	MinMaxButtons	属性决定是否使用 Window 标准的最大化和最小化按钮
	图片	Picture	决定显示在命令按钮、图像控件、切换按钮、选项卡控件的页上,或当做窗体或报表的背景图片的位图或其他类型的图形
	图片类型	PictureType	决定将对象的图片存储为链接对象还是嵌入对象
	图片缩放模式	PictureSizeMode	决定对窗体或报表中的图片调整大小的方式

续表

类型	属性名称	属性标识	功能
数据属性	记录源	RecordSource	是本数据库中的一个数据表对象名或查询对象名,它指明了该窗体的数据源
	筛选	Filter	对窗体、报表、查询或表应用筛选时指定要显示的记录子集
	排序依据	OrderBy	其属性值是一个字符串表达式,由字段名或字段名表达式组成,指定排序的规则
	允许编辑 允许添加 允许删除	AllowEdits AllowDeletions AllowAdditions	属性值需在"是"或"否"中进行选择,它决定了窗体运行时是否允许对数据进行编辑修改、添加或删除等操作
	数据输入	DataEntry	属性值需在"是"或"否"两个选项中选取,取值如果为"是",则在窗体打开时,只显示一条空记录,否则显示已有记录
	记录锁定	RecordLocks	其属性值需在"不锁定"、"所有记录"、"编辑的记录"三个选项中选取。取值为"不锁定",则在窗体中允许两个或更多用户能够同时编辑同一条记录;取值为"所有记录",则当在窗体视图打开窗体时,所有基表或基础查询中的记录都将锁定,用户可以读取记录,但在关闭窗体以前不能编辑、添加、或删除任何记录;取值为"编辑的记录",则当用户开始编辑某条记录中的任一字符时,即锁定该条记录,直到用户移动到其他记录
其他属性	弹出方式	PopUp	属性值需在"是"或"否"中进行选择,它决定了窗体或报表是否作为弹出式窗口打开
	模式	Modal	属性值需在"是"或"否"中进行选择,它决定了窗体或报表是否可以作为模式窗口打开。当窗体或报表作为模式窗口打开时,在焦点移到另一个对象之前,必须先关闭该窗口
	循环	Cycle	属性值可以选择"所有记录"、"当前记录"和"当前页",表示当移动控制点时按照何种规律移动
	菜单栏	MenuBar	可以将菜单栏指定给 Access 数据库、Access 项目、窗体或报表使用。也可以使用 MenuBar 属性来指定菜单栏宏,以便用于显示数据库、窗体或报表的自定义菜单栏
	工具栏	Toolbar	可以指定窗体或报表使用的工具栏。通过使用"视图"菜单上"工具栏"命令的"自定义"子命令可以创建这些工具栏
	快捷菜单	ShortcutMenu	属性值需在"是"或"否"中进行选择,它决定了当用鼠标右键单击窗体上的对象时是否显示快捷菜单

附录 C 控件属性及其含义

类型	属性名称	属性标识	功能
格式属性	标题	Caption	对不同视图中对象的标题进行设置,为用户提供有用的信息
	格式	Format	用于自定义数字、日期、时间和文本的显示方式
	可见性	Visible	属性值为"是"或"否",决定是声显示窗体上的控件
	边框样式	BorderStyle	指定控件边框的显示方式
	左	Left	指定控件在窗体、报表中的位置,即距左边的距离
	背景样式	BackStyle	指定控件是否透明,属性值为"常规"或"透明"
	特殊效果	SpecialEffect	用于设定控件的显示效果。例如"平面"、"凸起"、"凹陷"、"蚀刻"、"阴影"或"凿痕"等,用户可任选一种
	字体名称	FontName	用于设定字段的字体名称
	字号	FontSize	用于设定字体的大小
	字体粗细	FontWeight	用于设定字体的粗细
	倾斜字体	FontItalic	用于设定字体是否倾斜,选择"是"字体倾斜,否则不倾斜
	背景色	BackColor	用于设定标签显示时的底色
	前景色	ForeColor	用于设定显示内容的颜色
数据属性	控件来源	ControlSource	告诉系统如何检索或保存在窗体中要显示的数据。如果控件来源中包含一个字段名,则在控件中显示的是数据表中该字段的值,对窗体中的数据所进行的任何修改都将被写入字段中;如果该属性值设置为空,除非编写了一个程序,否则控件中显示的数据不会写入数表中。如果该属性含有一个计算表达式,那么该控件显示计算结果
	输入掩码	InputMask	用于设定控件的输入格式,仅对文本型或日期型数据有效
	默认值	DefaultValue	用于设定一个计算型控件或非结合型控件的初始值,可以使用表达式生成器向导来确定默认值
	有效性规则	ValidationRule	用于设定在控件中输入数据的合法性检查表达式,可以使用表达式生成器向导来建立合法性检查表达式
	有效性文本	ValidationRule	用于指定违背了有效性规则时,将显示给用户的提示信息
	是否锁定	Locked	用于指定是否可以在"窗体"视图中编辑数据
	可用	Enabled	用于决定鼠标是否能够单击该控件。如果设置该属性为"否",这个控件虽然一直在"窗体"视图中显示,但不能用 Tab 键选中它或使用鼠标单击它,同时在窗体中控件显示为灰色

续表

类型	属性名称	属性标识	功能
其他属性	名称	Name	用于标识控件名,控件名称必须唯一
	状态栏文字	StatusBarText	用于设定状态栏上的显示文字
	允许自动校正	AllowAutoCorrect	用于更正控件中的拼写错误,选择"是"允许自动更新,否则不允许自动更正
	自动Tab键	AutoTab	属性值为"是"或"否"。用以指定当输入文本框控件的输入掩码所允许的最后一个字符时,是否发生自动Tab键切换。自动Tab键切换会按窗体的Tab键次序将焦点移到下一个控件上
	Tab键索引	TabIndex	用于设定该控件是否自动设定Tab键的顺序
	控件提示文本	ControlTipText	用于设定用户在将鼠标放在一个对象上后是否显示提示文本,以及显示的提示文本信息内容

附录 D 常用宏操作命令

类型	命令	功能描述	参数说明
操作记录	ApplyFilter	对表、窗体或报表应用筛选、查询或 SQL 的 WHERE 子句,以限制或排序表、窗体以及报表的记录	筛选名称:查询名称或另存为查询的筛选名称 Where 条件:有效的 SQL WHERE 子句或表达式,用以限制表、窗体或报表中的记录
	FindRecord	查找符合指定条件的第一条或下一条记录	查找内容:输入要查找的数据 匹配:选择"字段的任何部分"、"整个字段"或"字段开头" 区分大小写:选择"是"或"否" 搜索:选择"全部"、"向上"或"向下" 格式化搜索:选择"是"或"否" 只搜索当前字段:选择"是"或"否" 查找第一条:选择"是"或"否"
	FindNextRecord	根据准则查找下一条记录,使用 FindNextRecord 操作可以反复查找记录	无参数
	GoToControl	将焦点移到被激活的数据表或窗体的指定字段或控件上	控件名称:将要获得焦点的字段或控件名称
	GoToRecord	在表、窗体或查询集中将指定的记录设置为当前记录	对象类型:选择对象类型 对象名称:当前记录的对象名称 记录:移动方向"向前移动"、"向后移动"等 偏移量:整型数或整型表达式
执行命令	OpenQuery	在"数据表"视图、设计视图或打印预览中打开选择查询或交叉表查询	查询名称:要打开的查询名称 视图:打开查询的视图 数据模式:选择"增加"、"编辑"或"只读"
	CencelEvent	中止一个事件	无参数
	RunApp	执行指定的外部应用程序	命令行:用来启动应用程序的路径和命令行
	RunCode	运行 Visual Basic 的函数过程	函数名称:要执行的"Function"过程名
	RunMenuCommand	运行一个 Access 菜单命令	命令:输入或选择要执行的命令
	RunMacro	运行一个宏	宏名:所要运行的宏的名称 重复次数:运行宏的次数上限 重复表达式:重复运行宏的条件

续表

类型	命令	功能描述	参数说明
执行命令	RunSQL	执行指定的 SQL 语句以完成操作查询或数据定义查询	SQL 语句:要运行的操作查询或数据定义 SQL 语句 使用事务处理:选择"是"或"否"
	StopMacro	停止正在运行的宏	无参数
	SetValue	为窗口、窗口数据表或报表的段、控件、属性的值进行设置	项目:要设置的字段、控件或属性名 表达式:使用该表达式对项的值进行设置
	StopAll Macros	中止所有宏的运行	无参数
操作数据库对象	CloseWindow	关闭指定的 Access 窗口。如果没有指定窗口,则关闭活动窗口	对象类型:选择要关闭的对象类型 对象名称:要关闭的对象名称 保存:选择关闭时是否要保存对对象的更改
	ShowAll Records	关闭活动表、查询的结果集和窗口中所有已应用过的筛选,并且显示表或结果集合,或窗口的基本表或查询中的所有记录	无参数
	OpenForm	在"窗体"视图,窗体设计视图、打印预览或"数据表"视图中打开一个窗体,并通过选择窗体的数据输入与窗体方式,限制窗体所显示的记录	窗体名称:打开窗体的名称 视图:选择打开"窗体"或"设计"视图等 筛选名称:限制窗体中记录的筛选 Where 条件:有效的 SQL WHERE 子句或 Access 用来从窗体的基表或基础查询中选择记录的表达式 数据模式:窗体的数据输入方式 窗口模式:打开窗体的窗口模式
	OpenModule	在指定的过程的设计视图中打开指定的 Visual Basic 模块。该过程可以是子程序、函数过程或事件过程	模块名称:要打开的模块名称 过程名称:要在其中打开指定模块的过程名称
	OpenQuery	在"数据表"视图、设计视图或打印预览中打开选择查询和交叉表查询	查询名称:打开运行的查询的名称 视图:选择打开查询的视图 数据模式:查询的数据输入方式
	OpenReport	在设计视图或打印预览中打开报表或立即打印报表,也可以限制需要在报表中打印的记录	报表名称:选择报表名称 视图:打开报表的视图 筛选条件:限制报表记录的筛选 Where 条件:有效的 SQL WHERE 子句或 Access 用来从报表的基表或基础查询中选择记录的表达式 窗口模式:选择报表的模式

续表

类型	命令	功能描述	参数说明
操作数据库对象	OpenTable	在"数据表"视图、设计视图或打印预览中打开表,也可以选择表的数据输入方式	表名称:打开表的名称 视图:打开表的视图 数据模式:表的数据输入方式
	Requery	通过再查询控件的数据源来更新活动对象中的特定控件的数据	控件名称:要更新的控件名称
	Maximize	活动窗口最大化	无参数
	Minimize	活动窗口最小化	无参数
	Restore	窗口复原	无参数
	Quit	退出 Access	选项:选择退出是"是"或"否"提示
信息告知	Beep	通过扬声器发出嘟嘟声	无参数
	Echo	指定是否打开响应	打开回响:是否打开响应 状态栏文字:关闭响应时,在状态栏中显示的文字
	MsgBox	显示包含警告、提示信息或其他信息的消息框	消息:消息框中的文本 发嘟嘟声:选择"是"或"否" 类型:选择消息框的类型 标题:消息框标题栏中显示的文本
	SetWarnings	关闭或打开所有的系统消息	打开警告:选择"否"或"是"
菜单及工具栏	AddMenu	可将自定义菜单、自定义快捷菜单替换窗体或报表的内置菜单或内置的快捷菜单,也可替换所有 Microsoft Access 窗口的内置菜单栏	菜单名称:将出现在自定义菜单栏中的菜单名称 菜单宏名称:选择此菜单后要执行的宏或宏组名称 状态栏文字:在状态栏上要显示的文字
	SetMenuItem	为激活窗口设置自定义菜单(包括全局菜单)上菜单项的状态	菜单索引:指定菜单索引 命令索引:指定命令索引 子命令索引:指定子命令索引 标志:菜单项显示方式标志:菜单项显示方式
	ShowToolbar	显示或隐藏内置工具栏或自定义工具栏	工具栏名称:要选择显示或隐藏的工具栏 显示:选择"是"、"否"或"适用时显示"

附录E 常用事件

分类	事件	名称	属性	发生时间
发生在窗体或控件中的数据被输入、删除或更改时,或当焦点从一条记录移动到另一条记录时	AfterDel-Confirm	确认删除后	AfterDelConfirm(窗体)	发生在确认删除记录,并且记录实际上已经删除,或在取消删除之后
	AfterInsert	插入后	AfterInsert(窗体)	在一条新记录添加到数据库中时
	After Update	更新后	AfterUpdate(窗体)	在控件或记录用更改过的数据更新之后发生。此事件发生在控件或记录失去焦点时,或单击"记录"菜单中的"保存记录"命令时
	Before Update	更新前	BeforeUpdate(窗体和控件)	在控件或记录用更改了的数据更新之前。此事件发生在控件或记录失去焦点时,或单击"记录"菜单中的"保存记录"命令时
	Current	成为当前	OnCurrent(窗体)	当焦点移动到一条记录,使它成为当前记录时,或当重新查询窗体的数据来源时。此事件发生在窗体第一次打开,以及焦点从一条记录移动到另一条记录时,它在重新查询窗体的数据来源时发生
	BeforeDel-Confirm	确认删除前	BeforeDelConfirm(窗体)	在删除一条或多条记录时,Access显示一个对话框,提示确认或取消删除之前。此事件在Delete事件之后发生
	BeforeInsert	插入前	BeforeInsert(窗体)	在新记录中键入第一个字符但记录未添加到数据库时发生
	Change	更改	OnChange(窗体和控件)	当文本框或组合框文本部分的内容发生更改时,事件发生。在选项卡控件中从某一页移到另一页时该事件也会发生
	Delete	删除	Ondelete(窗体)	当一条记录被删除但未确认和执行删除时发生

续表

分类	事件	名称	属性	发生时间
处理鼠标操作事件	Click	单击	OnClick（窗体和控件）	对于控件，此事件在单击鼠标左键时发生。对于窗体，在单击记录选择器、节或控件之外的区域时发生
	DblClick	双击	OnDblClick（窗体和控件）	当在控件或它的标签上双击鼠标左键时发生。对于窗体，在双击空白区或窗体上的记录选择器时发生
	MouseUp	鼠标释放	OnMouseUp（窗体和控件）	当鼠标指针位于窗体或控件上时，释放一个按下的鼠标键时发生
	MouseDown	鼠标按下	OnMouseDown（窗体和控件）	当鼠标指针位于窗体或控件上时，单击鼠标键时发生
	MouseMove	鼠标移动	OnMouseMove（窗体和控件）	当鼠标指针在窗体、窗体选择内容或控件上移动时发生
处理键盘输入事件	KeyPress	击键	OnKeyPress（窗体和控件）	当控件或窗体有焦点时，按下并释放一个产生标准 ANSI 字符的键或组合键后发生
	KeyDown	键按下	OnKeyDowm（窗体和控件）	当控件或窗体有焦点，并在键盘上按下任意键时发生
	KeyUp	键释放	OnKeyUp（窗体和控件）	当控件或窗体有焦点，释放一个按下键时发生
处理错误	Error	出错	OnError（窗体和报表）	当 Access 产生一个运行时间错误，而这时正处在窗体和报表中时发生
处理同步事件	Timer	计时器触发	OnTimer（窗体）	当窗体的 TimerInterval 属性所指定的时间间隔已到时发生，通过在指定的时间间隔重新查询或重新刷新新数据保持多用户环境下的数据同步
在窗体上应用或创建一个筛选	ApplyFilter	应用筛选	OnApplyFilter（窗体）	当单击"记录"菜单中的"应用筛选"命令，或单击命令栏上的"应用筛选"按钮时发生。在指向"记录"菜单中的："筛选"后，并单击"按选定内容筛选"命令，或单击命令栏上的"按选定内容筛选"按钮时发生。当单击"记录"菜单上的"取消筛选/排序"命令，或单击命令栏上的"取消筛选"按钮时发生

续表

分类	事件	名称	属性	发生时间
在窗体上应用或创建一个筛选	Filter	筛选	OnFilter（窗体）	指向"记录"菜单中的"筛选"后，单击"按窗体筛选"命令，或单击命令栏中的"按窗体筛选"按钮时发生。指向"记录"菜单中的"筛选"后，并单击"高级筛选/排序"命令时发生
发生在窗体、控件失去或获得焦点时，或窗体、报表成为激活时或失去激活事件时	Activate	激活	OnActivate（窗体和报表）	当窗体或报表成为激活窗口时发生
	Deactivate	停用	OnDeactivate（窗体和报表）	当不同的但同为一个应用程序的Access窗口成为激活窗口时，在此窗口成为激活窗口之前发生
	Enter	进入	OnEnter（控件）	发生在控件实际接收焦点之前。此事件在GotFocus事件之前发生
	Exit	退出	OnExit（控件）	正好在焦点从一个控件移动到同一窗体上的另一个控件之前发生。此事件发生在LostFocus事件之前
	GotFocus	获得焦点	OnGotFocus（窗体和控件）	当一个控件、一个没有激活的控件或有效控件的窗体接收焦点时发生
	LostFocus	失去焦点	OnLostFocus（窗体和控件）	当窗体或控件失去焦点时发生
打开、调整窗体或报表事件	Open	打开	OnOpen（窗体和报表）	当窗体或报表打开时发生
	Close	关闭	OnClose（窗体和报表）	当窗体或报表关闭，从屏幕上消失时发生
	Load	加载	OnLoad（窗体和报表）	当打开窗体，并且显示了它的记录时发生。此事件发生在Current事件之前，open事件之后
	Resize	调整大小	OnResize（窗体）	当窗体的大小发生变化或窗体第一次显示时发生
	Unload	卸载	OnUnload（窗体）	当窗体关闭，并且它的记录被卸载，从屏幕上消失之前发生。此事件在Close事件之前发生

附录 F　全国计算机等级考试二级 Access 数据库程序设计最新考试大纲

一、基本要求

① 具有数据库系统的基础知识。
② 基本了解面向对象的概念。
③ 掌握关系数据库的基本原理。
④ 掌握数据库程序的设计方法。
⑤ 能够使用 Access 建立一个小型数据库应用系统。

二、考试内容

1. 数据库基础知识

(1) 基本概念

数据库,数据模型,数据库管理系统,类和对象,事件。

(2) 关系数据库基本概念

关系模型(实体的完整性、参照的完整性、用户定义的完整性),关系模式,关系,元组,属性,字段,域,值,主关键字等。

(3) 关系运算基本概念

选择运算、投影运算、连接运算。

(4) SQL 基本命令

查询命令、操作命令。

(5) Access 系统简介

① Access 系统的基本特点。
② 基本对象:表、查询、窗体、报表、宏、模块。

2. 数据库和表的基本操作

(1) 创建数据库

① 创建空数据库。
② 使用向导创建数据库。

(2) 表的建立

① 建立表结构:使用向导,使用表设计器,使用数据表。
② 设置字段属性。
③ 输入数据:直接输入数据,获取外部数据。

(3) 表间关系的建立与修改

① 表间关系的概念:一对一,一对多。
② 建立表间关系。
③ 设置参照完整性。

(4) 表的维护

① 修改表结构：添加字段、修改字段、删除字段、重新设置主关键字。

② 编辑表内容：添加记录、修改记录、删除记录、复制记录。

③ 调整表外观。

(5) 表的其他操作

① 查找数据。

② 替换数据。

③ 排序记录。

④ 筛选记录。

3. 查询的基本操作

(1) 查询分类

① 选择查询。

② 参数查询。

③ 交叉表查询。

④ 操作查询。

⑤ SQL 查询。

(2) 查询准则

① 运算符。

② 函数。

③ 表达式。

(3) 创建查询

① 使用向导创建查询。

② 使用设计器创建查询。

③ 在查询中计算。

(4) 操作已创建的查询

① 运行已创建查询。

② 编辑查询中的字段。

③ 编辑查询中的数据源。

④ 排序查询的结果。

4. 查询的基本操作

(1) 窗体分类

① 纵栏式窗体。

② 表格式窗体。

③ 主/子窗体。

④ 数据表窗体。

⑤ 图表窗体。

⑥ 数据透视表窗体。

(2) 创建窗体

① 使用向导创建窗体。

② 使用设计器创建窗体：控件的含义及种类，在窗体中添加和修改控件，设置控件的常见

属性。

5. 报表的基本操作

（1）报表分类

① 纵栏式报表。

② 表格式报表。

③ 图表报表。

④ 标签报表。

（2）使用向导创建报表

（3）使用设计器编辑报表

（4）在报表中计算和汇总

6. 宏

（1）宏的基本概念

（2）宏的基本操作

① 创建宏：创建一个宏，创建宏组。

② 运行宏。

③ 在宏中使用条件。

④ 设置宏操作参数。

⑤ 常用的宏操作。

7. 模块

（1）模块的基本概念

① 类模块。

② 标准模块。

③ 将宏转换为模块。

（2）创建模块

① 创建 VBA 模块：在模块中加入过程，在模块中执行宏。

② 编写事件过程：键盘事件、鼠标事件、窗口事件、操作事件和其他事件。

（3）调用和参数传递

（4）VBA 程序设计基础

① 面向对象程序设计的基本概念。

② VBA 编程环境：进入 VBE、VBE 界面。

③ VBA 编程基础：常量、变量、表达式。

④ VBA 程序流程控制：顺序控制、选择控制、循环控制。

⑤ VBA 程序的调试：设置断点，单步跟踪，设置监视点。

三、考试方式

1. 考试形式

共 120 分钟，满分 100 分。

2. 考试题型

（1）上机选择题

共 40 分，其中包含公共基础知识部分 10 分。

（2）上机操作题

共 60 分，包括基本操作题、简单应用题和综合应用题三道题。

① 基本操作题

建立表：建立表的结构，向表中输入数据，字段属性设置，建立表间的关系；维护表：修改表的结构，编辑表的内容，调整表的外观；操作表：排序记录，筛选记录。

② 简单应用题

条件查询、参数查询、操作查询和交叉表查询的建立。

③ 综合应用题

窗体常见控件使用及其属性设置，报表常见控件使用及其属性设置，宏的建立及条件设置，VBA 简单编程。

附录 G　巩固练习参考答案

第 1 章　数据库基础知识

(1)C　(2)C　(3)D　(4)A　(5)C　(6)B　(7)A

第 2 章　数据库和表

(1)A　(2)B　(3)B　(4)D　(5)A　(6)C　(7)B　(8)B　(9)D　(10)D　(11)A　(12)D

第 3 章　查询

(1)D　(2)D　(3)D　(4)A　(5)D　(6)A　(7)B　(8)D　(9)B　(10)B　(11)A　(12)D　(13)D　(14)A

第 4 章　窗体

(1)A　(2)D　(3)D　(4)B　(5)A　(6)B　(7)C　(8)B　(9)B　(10)A　(11)A　(12)B

第 5 章　报表

(1)D　(2)B　(3)C　(4)B　(5)D　(6)D

第 6 章　宏

(1)A　(2)B　(3)A　(4)C　(5)C　(6)C　(7)C　(8)C

第 7 章　VBA 编程基础

(1)C　(2)A　(3)B　(4)B　(5)B　(6)B　(7)A　(8)C　(9)D　(10)B　(11)A　(12)C　(13)A　(14)A

第 8 章　VBA 数据库编程

(1)C　(2)A　(3)D　(4)A　(5)A